颜氏家训·朱子家训

(南北朝)颜之推
(清)朱柏庐
著
程燕青 注译

长江出版传媒
长江文艺出版社

图书在版编目（C I P）数据

颜氏家训·朱子家训 / （南北朝）颜之推，（清）朱柏庐著；程燕青注译. -- 武汉 : 长江文艺出版社，2019.6
（国学经典丛书. 第二辑）
ISBN 978-7-5702-0430-4

Ⅰ. ①颜… Ⅱ. ①颜… ②朱… ③程… Ⅲ. ①家庭道德－中国－南北朝时代②《颜氏家训》－注释③《颜氏家训》－译文④古汉语－启蒙读物 Ⅳ. ①B823.1 ②H194.1

中国版本图书馆 CIP 数据核字(2018)第 102139 号

责任编辑：周　阳　　　　责任校对：毛　娟
封面设计：徐慧芳　　　　责任印制：邱　莉　王光兴

出版：长江出版传媒 | 长江文艺出版社
地址：武汉市雄楚大街 268 号　　邮编：430070
发行：长江文艺出版社
http://www.cjlap.com
印刷：长沙鸿发印务有限公司

开本：880 毫米×1230 毫米　1/32　　印张：7.625　插页：4 页
版次：2019 年 6 月第 1 版　　2019 年 6 月第 1 次印刷
字数：180 千字

定价：34.00 元

总　序

郭齐勇　武汉大学国学院院长

国学大师钱穆先生曾说“今人率言‘革新’，然革新固当知旧”。对现代人尤其是青年一代来说，缺乏的也许不是所谓的“革新力量”，而是“知旧”，也即对传统的了解。

中国文化传统的源头，都在中国古代经典当中。从先秦的《诗经》《易经》，晚周诸子，前四史与《资治通鉴》，骚体诗、汉乐府和辞赋，六朝骈文，直到唐诗、宋词、元曲和明清小说，在传统经典这条源远流长的巨川大河中，流淌着多少滋养着我们精神的养分和元气！

《说文解字》上说“经”是一种有条不紊的编织排列，《广韵》上说“典”是一种法、一种规则。经与典交织运作，演绎中国文化的风貌，制约着我们的日常行为规范、生活秩序。中国文化的基调，总体上是倾向于人间的，是关心人生、参与人生、反映人生的，当然也是指导人生的。无论是春秋战国的诸子哲学，汉魏各家的传经事业，韩柳欧苏的道德文章，程朱陆王的心性义理；还是先民传唱的诗歌，屈原的忧患行吟，都洋溢着强烈的平民性格、人伦大爱、家国情怀、理想境界。尤其是四书五经，更是中国人的常经、常道。这些对当下中国人治国理政，建构健康人格，铸造民族精魂都具有重要意义。经典是当代人增长生命智慧的源头活水！

长江文艺出版社历来重视中华民族优秀传统文化的传播及普及，近年来更在阐释传统经典、传承核心文化价值、建构文化认同的大纛下努力向中国古典文化的宝库掘进。他们欲推出《国学经典丛书》，殊为可喜。

怎么样推广这些传统文化经典呢？

古代经典和现代读者的阅读习惯及趣味本来有一定差距，如果再板起面孔、高高在上，只会让现代读者望而生畏。当然，经典也不是任人打扮的小姑娘，一味将它鸡汤化、庸俗化、功利化，也会让它变味。最好的办法就是，既忠实于经典的原汁原味，又方便读者读懂经典，易于接受。在这个原则的指导下，《国学经典丛书》首先是以原典为主，尊重原典，呈现原典。同时又照顾现实需要，为现代读者阅读经典扫除障碍，对经典作必要的字词义的疏通。这些必要精到的疏通，给了现代读者一把迈入经典大门的钥匙，开启了现代读者与古圣先贤神交的窗口。

放眼当下出版界，传统文化出版物鱼目混珠、泥沙俱下，诸多出版商打着传承古典文化的旗号，曲解经典，对现代读者尤其是广大青少年认知传承经典起了误导作用。有鉴于此，长江文艺出版社推出的《国学经典丛书》特别注重版本的选取。这套丛书大多数择取了当前国内已经出版过的优秀版本，是请相关领域的名家、专业人士重新梳理的。这些版本在尊重原典的前提下同时兼顾其普及性，希望读者能有一次轻松愉悦的古典之旅。

种种原因，这套丛书必然会有缺点和疏漏，祈望方家指正。

目　　录

前 言

在漫长的封建社会，读书、求仕一直是广大知识分子的人生必经之路，所以历朝历代，上自官府，下至家族，都很重视教育。家族教育是最基本的，也是全社会教育不可或缺的。“家训”，便是知识分子家族教育的产物。早在三国时代，诸葛亮即写有《诫子书》，西晋杜预也有《家诫》，但因篇幅少，内容简略而未能流传。而最有名的家训读物则是北齐颜之推的《颜氏家训》和清代朱柏庐的《朱子家训》。

颜之推（531—约590），字介，琅邪（今山东临沂）人，南北朝时期杰出的文学家、学者。初仕梁元帝，为散骑侍郎。江陵为西魏军所破，投奔北齐，官至黄门侍郎、平原太守。齐亡入周，为御史上士。隋开皇中，太子召为学士，以疾卒。在六十多年的人生历程中，颜之推历经四个朝代，目睹了南北分裂，兵连祸结的社会现状，而且深受其害。他特定的身世经历，在《颜氏家训》中有充分的反映。

《颜氏家训》始作于南北朝，而成书于隋朝初年。全书分为序致、教子、兄弟、后娶、治家、风操、慕贤、勉学、文章、名实、涉务、省事、止足、诫兵、养生、归心、书证、音辞、杂艺、终制二十篇，主要讲述立身、齐家、交友、处世等方面的问题。首先，作者强调子孙应继承先辈的事业，保住已有之社会地位，为此，必须加强自身修养，广泛学习各方面的知识，注重搞好家庭、社会中的各种人际关系。其次，书中对当时社会生活的各个方面都有较详尽的记述，是我们了解这一段历史的绝好资料。再次，《书证》《音辞》《杂艺》《文章》诸篇，涉及音韵、文字、训诂以及书法、绘画、射箭、卜筮、算术、医药、音乐、博弈、投壶等各种技艺，是宝贵的学术资料。正由于此，历代对它的评价甚高。如晁公武《郡斋读书志》说："述立身治家之法，辨正时俗之谬，以训世人。"陈振孙《直斋书录解题》说："古今家训，以此为祖。"清人王钺在《读书蕞残》中则称赞道："北齐黄门颜之推《家训》二十篇，篇篇药石，言言龟鉴，凡为人子弟者，当家置一册，奉为明训，不独颜氏。"范文澜先生论颜之推说："他是当时南北两朝最通博最有思想的学者，经历南北两朝，深知南北政治、俗尚的弊病，洞悉南学北学的短长，当时所有大小知识，他几乎都钻研过，并且提出自己的见解。《颜氏家训》二十篇就是这些见解的记录。《颜氏家训》的佳处在于立论平实。平而不流于凡庸，实而多异于世俗，在南方浮华北方粗野的气氛中，《颜氏家训》保持平实的作风，自成一家言。"（《中国通史简编》修订本第二编第528页）当然，由于时代的局限，其中有些观点需予以扬弃，如男尊女卑，歧视女性，明哲保身，宣传迷信等等。

相对于《颜氏家训》的宏富，《朱子家训》是以简约取胜的。《朱子家训》又称《朱柏庐治家格言》，简称《治家格言》，是清代朱柏庐（1617—1688）写给后代子孙的。全文虽只有五百余字，但以"修身""齐家"为宗旨，集儒家处世方法之大成，思想深厚，蕴义博大，所以三百年来几乎是家喻户晓，脍炙人口。

此次整理，我们将这两种"家训"合为一册加以出版，一丰富，一简略，读者可以从中领略到不同的思想与境界。考虑到是为一般读者提供一个普及读本，所以原文的底本系综合而成，择善而从，注释力求简明扼要，翻译力求准确到位。注译过程中，参考了前人及时贤的有关著作，特致谢忱。

程燕青

2008年4月

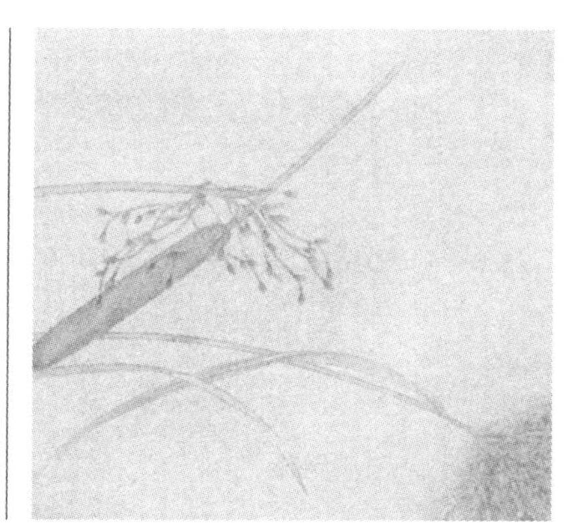

颜氏家训

颜之推 著

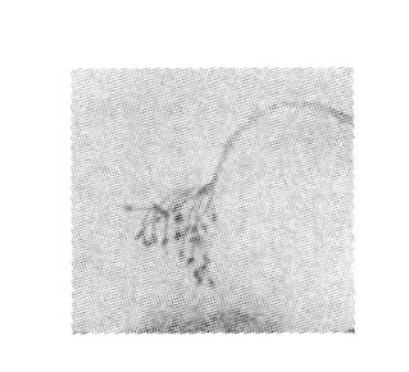

序致第一

【题解】 “序致”即自序。这一篇作为全书之序言，意在说明作者的写作目的及旨趣。作者很明确地指出，此书的创作目的，是“整齐门内，提撕子孙”，让后代继承家业。又通过自己少年时代的经历，告诫子孙从小接受良好教育的必要性和重要性。

夫圣贤之书，教人诚孝[①]，慎言检迹[②]，立身扬名，亦已备矣。魏、晋已来[③]，所著诸子[④]，理重事复，递相模斅[⑤]，犹屋下架屋，床上施床耳[⑥]。吾今所以复为此者，非敢轨物范世也[⑦]，业以整齐门内，提撕子孙[⑧]。夫同言而信，信其所亲；同命而行，行其所服。禁童子之暴谑[⑨]，则师友之诫，不如傅婢之指挥；止凡人之斗阋[⑩]，则尧舜之道，不如寡妻之诲谕。吾望此书为汝曹之所信[⑪]，犹贤于傅婢寡妻耳。

吾家风教，素为整密。昔在龆龀[⑫]，便蒙诱诲：每从两兄，晓夕温凊[⑬]，规行矩步，安辞定色，锵锵翼翼[⑭]，若朝严君焉。赐以优言，问所好尚，励短引长，莫不恳笃。年始九岁，便丁荼蓼[⑮]，家涂离散，百口索然。慈兄鞠养[⑯]，苦辛备至；有仁无威，导示不切。虽读《礼》《传》，微爱属文[⑰]，颇为凡人之所陶染，肆欲轻言，不修边幅。年十八九，少知砥砺[⑱]，习若自然，卒难洗荡。二十已后，大过稀焉。每常心共口敌，性与情竞，夜觉晓非，今悔昨失，自怜无教，以至于斯。追思平昔之指[19]，铭肌镂骨，非徒古书之诫，经目过耳也。故留此二十篇，以为汝曹后车耳[20]。

【注释】 ① 诚孝：即“忠孝”。因避隋文帝杨坚之父杨忠之讳而改“忠”为“诚”。

② 检迹：检点、约束自己的所作所为。

③ 已来：即“以来”。

④ 诸子：本指先秦时代的诸子百家，此处是指魏晋以来学者的著作。

⑤ 模斅（xiào）：模仿，效法。

⑥ 屋下架屋，床上施床：当时习惯用语，比喻仿效他人而无所创新，不必要的重复。

⑦ 轨物范世：用作人情世故的规矩与典范。

⑧ 提撕：意即“耳提面命”。此处有警示的意思。

⑨ 暴谑（xuè）：过分地打闹。

⑩ 斗阋（xì）：争吵斗殴。

⑪ 汝曹：即“你们”。

⑫ 龆龀（tiáo chèn）：本意是儿童换牙，引申为童年。

⑬ 温凊（qìng）：温凉。《礼记》规定：儿子侍奉父母，要做到早晚请安，使父母冬暖夏凉。

⑭ 锵锵翼翼：行走时恭敬小心的样子。

⑮ 丁：正当，遭遇。 荼蓼（tú liǎo）：本指苦菜，这里比喻父母双亡后的困境。

⑯ 鞠养：抚养。

⑰ 属（zhǔ）文：写文章。

⑱ 少：即“稍”。 砥砺：二者的本意均为磨刀石，引申为磨砺，勉励。

⑲ 指：通“旨”，志向，旨趣。

⑳ 后车：即“前车之覆，后车之鉴”的省语。

【译文】 古代圣贤们著述的书，是教导人们尽忠行孝、言语谨慎、行为检点、立身扬名等道理，讲的已经很周详了。魏晋以来，人们所阐述的古代圣贤思想的书籍，道理重复，内容因袭，后人照搬前人，好比屋内架屋，床上叠床。我今天又来写这一类书，不敢说是给世人的行为作出规范，只是用以整顿家风、警醒后辈儿孙罢了。相同的言语，亲近的人说出就信服；相同的命令，敬服的人发出就执行。制止儿童的淘气胡闹，师友的训诫，就不如保姆的指教；阻止兄弟间的家庭争斗，尧舜的教导，就不如妻子的规劝。我希望此书能被你们信服，使它比保姆、妻子之言更为贤明有价值。

我家的家风家教，向来严整缜密。孩提时代，我就受到了长辈的指导教诲：经常跟随两位兄长，学习早晚侍奉双亲，举止规范，神色平和，走路时恭敬而有礼，如同给父母亲请安时一样。长辈以良言相授，关心我的喜好，勉励我扬长避短，没有一点不是恳切而慈爱的。我刚满九岁时，便失去了父亲，家道衰落，人口萧条。慈爱的兄长抚养了我，历尽了辛勤劳苦；但他常存仁爱之心，少有威严之举，对我的引导教育不够严厉。我虽然读过《周礼》《左传》，又对作文章稍有爱好，但是受到了社会世人的熏染，放纵私欲，言语轻率，且不修边幅。到了十八九岁，渐渐懂得要磨砺品性了，但是习惯已成自然，不良的习惯难以在短时间内彻底改掉。二十岁以后，大的过失就很少犯了。常常在言语不谨慎时，心里立即警觉并开始加以控制，理智与情感往往处于矛盾斗争之中，夜晚察觉到早上的错误，今天追悔昨天的过失，自己意识到是由于早年缺乏良好的教育，以至于此。回想平时立下的志向，真可谓刻骨铭心，不比那阅读古书的训诫，只是经过一下眼睛耳朵而已。所以写下这二十篇《家训》，以此作为你们的后车之鉴。

教子第二

【题解】 本篇着重讲述如何教育子女。没有不爱子女的父母，但如何去关爱、教育子女，却不是每个父母都明白的。作者列举正反两方面的例子，说明教育子女的重要性、方法。有些观点和方法，直到今天，仍不过时。

上智不教而成，下愚虽教无益，中庸之人，不教不知也。古者圣王有胎教之法：怀子三月，出居别宫，目不邪视，耳不妄听，音声滋味，以礼节之。书之玉版[①]，藏诸金匮[②]。生子孩提，师保固明[③]，孝仁礼义，导习之矣。凡庶纵不能尔，当及婴稚，识人颜色，知人喜怒，便加教诲，使为则为，使止则止。比及数岁，可省笞罚。父母威严而有慈，则子女畏慎而生孝矣。吾见世间，无教而有爱，每不能然；饮食运为[④]，恣其所欲，宜诫翻奖[⑤]，应呵反笑，至有识知，谓法当尔。骄慢已习，方复制之，捶挞至死而无威，忿怒日隆而增怨，逮于成长，终为败德。孔子云"少成若天性，习惯如自然"是也。俗谚曰："教妇初来，教儿婴孩。"诚哉斯语！

凡人不能教子女者，亦非欲陷其罪恶；但重于呵怒[⑥]，伤其颜色，不忍楚挞，惨其肌肤耳。当以疾病为谕，安得不用汤药针艾救之哉[⑦]？又宜思勤督训者，可愿苛虐于骨肉乎？诚不得已也。

王大司马母魏夫人，性甚严正。王在湓城时，为三千人将，年逾四十，少不如意，犹捶挞之，故能成其勋业。梁元帝时，有一学士，聪敏有才，为父所宠，失于教义。一言之是，遍于行路，终年誉之；一行之非，掩藏文饰，冀其自改。年登婚宦[⑧]，暴慢日滋，竟以言语不择，为周逖抽肠衅鼓云[⑨]。

父子之严，不可以狎[⑩]；骨肉之爱，不可以简[⑪]。简则慈孝不接，狎则怠慢生焉。由命士以上[⑫]，父子异宫，此不狎之道也。抑搔痒痛，悬衾箧枕，此不简之教也。或问曰："陈亢喜闻君子之远其子，何谓也?"对曰："有是也。盖君子之不亲教其子也。《诗》有讽刺之辞，《礼》有嫌疑之诫，《书》有悖乱之事，《春秋》有邪僻之讥，《易》有备物之象，皆非父子之可通言，故不亲授耳。"

齐武成帝子琅邪王，太子母弟也，生而聪慧，帝及后并笃爱之，衣服饮食，与东宫相准[⑬]。帝每面称之曰："此黠儿也[⑭]，当有所成。"及太子即位，王居别宫，礼数优僭，不与诸王等。太后犹谓不足，常以为言。年十许岁，骄恣无节，器服玩好，必拟乘舆[⑮]；尝朝南殿，见典御进新冰[⑯]，钩盾献早李[⑰]，还索不得，遂大怒，诟曰[⑱]："至尊已有，我何意无?"不知分齐，率皆如此。识者多有叔段、州吁之讥。后嫌宰相，遂矫诏斩之，又惧有救，乃勒麾下军士，防守殿门；既无反心，受劳而罢。后竟坐此幽薨[⑲]。

人之爱子，罕亦能均；自古及今，此弊多矣。贤俊者自可赏爱，顽鲁者亦当矜怜。有偏宠者，虽欲以厚之，更所以祸之。共叔之死，母实为之；赵王之戮，父实使之。刘表之倾宗覆族，袁绍之地裂兵亡，可为灵龟明鉴也。

齐朝有一士大夫，尝谓吾曰：“我有一儿，年已十七，颇晓书疏，教其鲜卑语及弹琵琶，稍欲通解，以此伏事公卿[20]，无不宠爱，亦要事也。”吾时俛而不答[21]。异哉，此人之教子也！若由此业自致卿相，亦不愿汝曹为之。

【注释】 ① 玉版：指刊刻文字的石板。

② 金匮（kuì）：金属做成的箱子。

③ 师保：古时担任教育皇室及贵族子弟的教官。

④ 运为：行为，作为。

⑤ 翻：反而。

⑥ 重：难，不忍心。

⑦ 针艾：扎针和熏艾，中医的两种治疗手段。

⑧ 年登婚宦：到了结婚和做官的年龄，意即成年。

⑨ 衅（xìn）鼓：古代用血涂抹在新做成的鼓上，一则涂缝隙，一则祭祀鬼神。

⑩ 狎（xiá）：亲近而不庄重。

⑪ 简：怠慢。

⑫ 命士：古代称受有爵命的士。

⑬ 东宫：古代太子所居之地，借指太子。

⑭ 黠（xiá）：又聪明又狡猾。

⑮ 乘舆：本指皇帝的车子，后代指皇帝。

⑯ 典御：北齐、隋初设置的主管帝王饮食起居的官员。

⑰ 钩盾：古代官署，主管皇家园林、游猎及果蔬栽种等事宜。

⑱ 詬（gòu）：骂。

⑲ 坐：因为。 幽薨（hōng）：诸侯死叫薨，幽薨是说高俨被秘密处死。

⑳ 伏事：即服侍。

㉑ 俛：同“俯”。低头。

【译文】 智力高超的人，不用教育就可以成材；智力低下的人，虽然教育了也没有用处；智力中常的人不接受教育就不明白事理。古时圣王有所谓胎教的方法：王后怀孕三个月，就要搬到特设的住所去住，不看不该看的，不听不该听的，听音乐吃美味，都要依照礼仪加以节制。这些都要写在玉版上，藏在金柜里。王子从初生到两三岁时，担任他们“师”“保”的人选已经确定好了，师保从那时起就对他们进行仁、孝、礼、义的教导。普通百姓纵使不能如此，也应当在婴儿懂得辨认脸色、明白喜怒之时，就加以教诲，叫他做时他才能做，不叫他做时他就不能做。这样等到再大几岁，便可省免打竹板的惩罚。父母威严而不失慈爱，子女自然敬畏而有孝心。我看这世上，父母不知教育而是一味溺爱子女的，往往不能这样；对子女的吃喝玩乐总是任意放纵，本应劝诫的反而褒奖，本应呵责的反而一笑了之，等到子女懂事后，还以为按道理本该如此。待子女养成骄横傲慢的习气才去制止，即使把他们鞭抽棍打至死，也树立不起父母的威信。对子女的火气与日俱增，只能招致子女的一片怨恨。等到他们长大，终究要做出败坏道德之事。孔子所说的“少成若天性，习惯如自然”，就是这个道理。俗话说：“教媳妇趁新到，教儿子要赶早。”这话真是中肯啊！

一般人不去教育子女，并不是想让他们去犯罪；只是不愿看到子女因受责骂而脸色沮丧，不忍看到子女因被荆条抽打而受到皮肉之苦罢了。以生病打比方，子女生了病，父母怎么能不用汤药、扎针、熏艾等去救治他们呢？应该想一想勤于督促训诫子女的父母，难道他们愿意苛刻地虐待自己的骨肉至亲吗？实在是不得已啊！

大司马王僧辩的母亲魏老夫人，品性非常严谨方正。王僧辩在湓城时，做统领三千人的将领，年纪已过四十，但稍不称魏老夫人之意，老夫人仍然用棍棒教训他。正因如此，王僧辩才成就了功业。梁元帝的时候，有一个学士，聪明有才华，从小被父亲娇宠，疏于管教。他若是有一句话说得动听，他父亲巴不得让过往行人都知道，一年到头赞不绝口；他若是有一件事做错，他父亲便为他遮掩粉饰，心里希望他能悄悄改掉。这个学士成年以后，凶暴傲慢的性情日益增长，终究因为说话不检点而触犯了周逖，被他杀掉，肠子都被抽出来，血被涂抹在战鼓上。

以父亲的威严，就不该对子女过分亲昵；以至亲的相爱，就不该不拘礼节。不拘礼节，就谈不上慈爱孝敬；过分亲昵，就会产生放肆不敬之心。从有身份的读书人往上数，他们父子之间都是要分室而居的，这就是不过分亲昵的方法。长辈生病不适时，晚辈要替他们按摩抓搔，长辈起床后，晚辈要替他们收拾卧具，这就是讲究礼节的道理。有人会问："陈亢很高兴听到君子和他的孩子保持距离，是什么意思?"我要回答说："是的，君子是不亲自教授自己的孩子的。因为《诗》里面有讽刺骂人的诗句，《礼》里面有不便言传的告诫，《书》里面有悖礼作乱的记载，《春秋》里面有对淫乱行为的指责，《易》里面有备物致用的卦象，这些都不便由父亲向自己的孩子直接讲述，所以君子不能亲自教授自己的孩子。"

齐武成帝的三儿子琅邪王高俨，是太子高纬的同母弟弟，他天生聪慧，武成帝和明皇后都非常喜欢他，穿的吃的，与太子相同。武成帝经常当面夸奖他说："这是个机灵的孩子，今后会成器的。"等到太子即位，琅邪王就被迁到别宫居住，给他的礼仪过分优厚，一切都在其他兄弟之上。即使这样，太后还嫌不够，常常替他说话。琅邪王十岁左右，骄横放肆没有节制，穿的用的，一律都要与当皇帝的哥哥相比；有一次，他到南殿朝拜，正碰上典御官和钩盾令向皇上进献从地窖取出的冰块和早熟的李子，回府后就派人去索取，没有得到，于是就大发脾气，骂道："皇上都有的东西，凭什么就没我的份?"根本不懂谨守为臣的本分，言行通常如此。有识之士多指责他是古代叔段、州吁之类的人。后来，琅邪王讨厌宰相和士开，就假传圣旨把和杀了。行刑时担心有人来相救，竟然命令手下的军士把守殿门。其实他没有反心，受安抚后便罢兵了。但后来终究因为此事被秘密处死。

人们喜欢自己的孩子，却很少能够做到一视同仁。从古至今，这种弊端很多了。聪明漂亮的孩子，当然值得赏识喜爱；愚蠢迟钝的孩子，也应该同情怜悯才是。那偏宠孩子的父母，虽然是想好好爱他，却相反以此害了他。共叔段的死，实际上是由他母亲造成的；赵王如意被害，实际上是由他父亲促成的。刘表的宗族覆灭，袁绍的地失兵败，都可以像灵龟、明镜一样作为借鉴啊。

齐朝有个士大夫，曾经对我说："我有个孩子，已经十七岁了，很懂得一些抄抄写写的事，教他讲鲜卑语、弹琵琶，也渐渐地差不多掌握了，凭这些侍奉达官贵人，没有不宠爱他的，这也是一件要紧的事啊。”我当时低头不语。这个人教育孩子，真是好奇怪哟！假若干这种事情，可以当上卿相，我也不愿让你们去干。

兄弟第三

【题解】　本篇阐述的是兄弟之间的关系。作者认为兄弟既为同胞，有天然的血缘关系，就应该相亲相爱，至死不渝。这无疑是正确的。但与此同时，作者却将导致兄弟关系淡薄的原因归于各自的妻子僮仆，提出要像提防雀鼠和风雨一样小心他们对兄弟情谊的颠覆，这一观点有失偏颇，不能赞同。

夫有人民而后有夫妇，有夫妇而后有父子，有父子而后有兄弟：一家之亲，尽此三而已矣。自兹以往，至于九族①，皆本于三亲焉，故于人伦为重者也，不可不笃。兄弟者，分形连气之人也②，方其幼也，父母左提右挈，前襟后裾，食则同案③，衣则传服④，学则连业⑤，游则共方，虽有悖乱之行⑥，不能不相爱也；及其壮也，各妻其妻，各子其子，虽有笃厚之行，不能不少衰也。娣姒之比兄弟⑦，则疏薄矣；今使疏薄之人，而节量亲厚之恩，犹方底而圆盖，必不合矣。惟友悌深至，不为旁人之所移者，免夫！

二亲既殁⑧，兄弟相顾，当如形之与影，声之与响；爱先人之遗体，惜己身之分气，非兄弟何念哉？兄弟之际，异于他人，望深则易怨⑨，地亲则易弭⑩。譬犹居室，一穴则塞之，一隙则涂之，则无颓毁之虑；如雀鼠之不恤，风雨之不防，壁陷楹沦，无可救矣。仆妾之为雀鼠，妻子之为风雨，甚哉！

兄弟不睦，则子侄不爱；子侄不爱，则群从疏薄；

群从疏薄，则僮仆为仇敌矣。如此，则行路皆踖其面而蹈其心[11]，谁救之哉！人或交天下之士，皆有欢爱，而失敬于兄者，何其能多而不能少也！人或将数万之师，得其死力，而失恩于弟者，何其能疏而不能亲也！

娣姒者，多争之地也，使骨肉居之，亦不若各归四海，感霜露而相思，伫日月之相望也。况以行路之人，处多争之地，能无间者，鲜矣。所以然者，以其当公务而执私情，处重责而怀薄义也。若能恕己而行[12]，换子而抚，则此患不生矣。

人之事兄，不可同于事父，何怨爱弟不及爱子乎？是反照而不明也。沛国刘琎，尝与兄瓛连栋隔壁，瓛呼之数声不应，良久方答；瓛怪问之，乃曰："向来未着衣帽故也。"以此事兄，可以免矣。

江陵王玄绍，弟孝英、子敏，兄弟三人，特相友爱，所得甘旨新异[13]，非共聚食，必不先尝。孜孜色貌，相见如不足者。及西台陷没，玄绍以形体魁梧，为兵所围。二弟争共抱持，各求代死，终不得解，遂并命尔[14]。

【注释】 ① 九族：指从自身上至父、祖、曾祖、高祖，下至子、孙、曾孙、玄孙共九代亲属。

② 分形连气：《吕氏春秋·精通》："父母之于子也，子之于父母也，一体而两分，同气而异息。"指形体虽异，气息相通。本指父母与子女的密切关系，这里指兄弟之间密不可分。

③ 案：古代一种盛放食物的木托盘。

④ 传服：大孩子的衣服穿得小了，再给弟妹穿。

⑤ 连业：哥哥用过的经籍，弟弟接着再使用。业是古时书写经典的大版。

⑥ 悖乱之行：指违背伦常的行为。

⑦ 娣姒（dì sì）：兄弟之妻的互称，兄嫂为姒，弟媳为娣。现在叫妯娌。

⑧ 殁（mò）：死。

⑨ 望深则易怨：期望太高而得不到满足，则易生怨恨。

⑩ 地亲则易弭（mǐ）：住地相近，过从甚密，怨恨容易消除。

⑪ 蹐（jí）：践踏。

⑫ 恕己：指儒家的忠恕之道，将心比心。

⑬ 甘旨新异：指甘美奇特的食品。

⑭ 并命：一块送命。

【译文】 有了人类而后有夫妇，有了夫妇而后有父子，有了父子而后有兄弟，一个家庭中的亲人，就有这三种。由此类推，直推到九族，都本于这三种亲属关系，所以“三亲”在人伦关系中最为重要，不能不加以重视。兄弟，是一母所生、形体各异、气息相通的人。在他们小的时候，父母左手拉一个，右手牵一个；这个扯着父母的前襟，那个牵着父母的后摆。吃饭共用一个托盘，穿衣是哥哥穿完弟弟穿，学习是弟弟用哥哥用过的课本，游玩是在同一个地方。即使是有悖礼的行为，兄弟之间却是不会不互相爱护的。等到他们各自长大成人，各自娶了妻子，有了孩子，即使是有忠诚厚道的言行，兄弟间的感情也不会渐渐淡薄的。妯娌比起兄弟来，关系就疏远淡薄了。现在使关系疏远的人来把握关系亲密的人之间的关系，就好比给方形的底座加盖圆形的盖子，一定是合不拢的。只有那感情深厚、不会受别人的影响而改变关系的兄弟，才能避免出现上述情形。

父母死后，兄弟相对，应该如同身体与它的影子、声响与它的回音一样密切。相互爱护父母所给予的身体，相互珍惜从父母那儿来的血气，不是兄弟，和谁能有这样的相互牵挂？兄弟间的关系不同于他人，相互期望过高就容易产生不满，而密切接触，容易使不满消除。比如一间居室，有一个洞就立刻堵上，有一条缝隙就马上涂抹，就不会有倒塌的忧虑了。假如有雀鼠的破坏不注意，有风雨的侵蚀不提防，那么墙倾柱摧，就不可挽回了。比起雀鼠和风雨，仆妾和妻子的危害更厉害吧！

兄弟若不和睦，子侄就不相爱；子侄若不相爱，家族中的子弟辈就关系疏薄；家族中的子弟辈关系疏薄，僮仆之间就会成为仇敌。一个家庭像这样，过往的路人都可以随意欺辱他们，谁能救助呢？有人能够结交天下之士，且相互间和乐友爱，却对自己的兄长缺乏敬意，为何对多数人能做到，对少数人却不行呢！有人能够统领几万大军，能使部属以死效力，而对自己的弟弟缺乏恩爱，为何对关系疏远的人能做到，对关系亲密的人却不行呢！

妯娌之间，容易产生纠纷，即使是同胞姐妹成为妯娌住在一起，也不如让他们远嫁各地，这样，他们会感叹霜露的降临而相互思念，也会仰观日月而盼望相聚。何况妯娌本是陌路之人，处在容易闹纠纷的环境里，相互之间不产生嫌隙的，就太少了。之所以会这样，是因为大家面对家中的公务却出以私情，担子虽重却少讲道义。如果她们能本着仁爱之心去行事，把对方的孩子当作自己的孩子来爱抚，那么这种弊端就不会产生了。

有人侍奉兄长，不肯等同于侍奉父亲。那么何必埋怨兄长爱自己不如爱他的孩子？以此来观照自己就可以发现缺乏自知之明。沛国的刘琎曾经与哥哥刘瓛隔墙而居，有一次，刘瓛呼唤刘琎，连叫几声都没有回答。过了一会儿才听见刘琎回答。刘瓛感到奇怪，问他原因，刘琎说："我刚才还没有穿戴好衣帽。"以这样的态度敬事兄长，就不必担心兄长对弟弟不如对自家的孩子了。

江陵王玄绍，与弟弟孝英、子敏特别友爱，所得到美味新奇的食物，除非兄弟三人共享，否则谁也不会先尝。兄弟之间相待虽然尽心尽力，见面时仍觉自己替别人做的不够。西台陷落之时，玄绍因身材魁梧，被敌人包围，两个弟弟争着去抱他，都求替哥哥去死，但是终究没有消除厄运，兄弟三人一同被杀害。

后娶第四

【题解】 本篇集中论述了“后娶”的问题。所谓“后娶”，就是在妻子去世之后，再娶后妻。作者列举历史上的事例，反复说明对续弦之事应谨慎对待。因为前妻之子的地位高于后妻之子，所以，出于自私的心理，后妻往往虐待前妻之子；又因为经济上的利益，前妻之子也往往与继母发生矛盾、争执。令人遗憾的是，这一社会问题，直至今天仍未彻底解决。

吉甫，贤父也；伯奇，孝子也。以贤父御孝子，合得终于天性，而后妻间之，伯奇遂放[①]。曾参妇死[②]，谓其子曰：“吾不及吉甫，汝不及伯奇。”王骏丧妻[③]，亦谓人曰：“我不及曾参，子不如华、元。”并终身不娶，此等足以为诫。其后假继，惨虐孤遗[④]，离间骨肉，伤心断肠者，何可胜数。慎之哉！慎之哉！

江左不讳庶孽[⑤]，丧室之后，多以妾媵终家事；疥癣蚊虻，或未能免，限以大分[⑥]，故稀斗阋之耻[⑦]。河北鄙于侧出[⑧]，不预人流[⑨]，是以必须重娶，至于三四，母年有少于子者。后母之弟，与前妇之兄，衣服饮食，爰及婚宦，至于士庶贵贱之隔，俗以为常。身没之后，辞讼盈公门，谤辱彰道路，子诬母为妾，弟黜兄为佣，播扬先人之辞迹，暴露祖考之长短，以求直己者，往往而有。悲夫！自古奸臣佞妾，以一言陷人者众矣！况夫妇之义，晓夕移之，婢仆求容，助相说引，积年累月，安有孝子乎？此不可不畏。

凡庸之性[10]，后夫多宠前夫之孤，后妻必虐前妻之子。非唯妇人怀嫉妒之情，丈夫有沈惑之僻[11]，亦事势使之然也。前夫之孤，不敢与我子争家，提携鞠养，积习生爱，故宠之；前妻之子，每居己生之上，宦学婚嫁，莫不为防焉，故虐之。异姓宠则父母被怨，继亲虐则兄弟为仇，家有此者，皆门户之祸也。

思鲁等从舅殷外臣[12]，博达之士也。有子基、谌，皆已成立，而再娶王氏。基每拜见后母，感慕呜咽，不能自持，家人莫忍仰视。王亦凄怆，不知所容，旬月求退，便以礼遣，此亦悔事也。

《后汉书》曰："安帝时，汝南薛包孟尝，好学笃行，丧母，以至孝闻。及父娶后妻而憎包，分出之。包日夜号泣不能去，至被殴杖。不得已，庐于舍外，旦入而洒扫。父怒，又逐之，乃庐于里门[13]，昏晨不废[14]。积岁余，父母惭而还之。后行六年服，丧过乎哀[15]。既而弟子求分财异居，包不能止，乃中分其财：奴婢引其老者，曰：'与我共事久，若不能使也。'田庐取其荒顿者，曰：'吾少时所理，意所恋也。'器物取其朽败者，曰：'我素所服食，身口所安也。'弟子数破其产，还复赈给。建光中，公车特征，至拜侍中。包性恬虚，称疾不起，以死自乞。有诏赐告归也[16]。"

【注释】 ① 吉甫：周宣王时大臣尹吉甫。 伯奇：尹吉甫之长子。御：整治，管教。据《初学记》卷二引汉蔡邕《琴操·履霜操》载，伯奇之母死后，后母想立其子伯封为太子，于是诬陷伯奇对她有邪念，尹吉甫一怒之下，流放了伯奇。伯奇自叹冤屈，乃作琴曲《履霜操》以述怀。后来尹吉甫终于感悟，召回伯奇，射杀后妻。

② 曾参：字子舆，孔子弟子，以孝著称。

③ 王骏：西汉成帝时大臣。据《汉书·王吉传》载："吉子骏，为少府，时妻死，因不复娶。或问之，骏曰：'德非曾参，子非华、元，亦何敢娶。'"（华、元指曾参的两个儿子曾华和曾元）

④ 假继：即继母。　孤遗：指前妻所生之子。

⑤ 江左：即江东，长江下游以东一带。　庶孽：封建时代指妾所生的子女。

⑥ 大分：名分。

⑦ 斗阋（xì）：家庭内部兄弟间的争斗。

⑧ 河北：指黄河以北一带。　侧出：妾所生的子女。

⑨ 不预人流：不让他们参预家庭或社会事务。人流，有身份、有地位者的行列。

⑩ 凡庸之性：指普通人的习性。

⑪ 沈惑：指沉溺于所爱而迷惑不清。　僻：指不良的嗜好。

⑫ 思鲁：颜之推的长子。　从舅：母亲的从兄弟。

⑬ 里门：乡里之门。古时二十五家为里。

⑭ 昏晨不废：早晚向父母请安，从不废止。

⑮ 丧过乎哀：封建时代父母死后，儿子应服丧三年，薛包服丧六年，故云。

⑯ 赐告：汉代的制度，官员生病三个月后，照例由皇帝给予优待，赐与诏书，允许他带着印信绶带和官属回家养病，称作"赐告"。

【译文】　尹吉甫是位贤明的父亲，伯奇是位孝顺的儿子，以贤父来教管孝子，应该能够保持一种父慈子孝的天性吧。但是尹吉甫的后妻从中挑拨，使伯奇被父亲放逐了。曾参的妻子死后，他拒绝再娶，对他的儿子们说："我不如吉甫贤明，你们不及伯奇孝顺。"王骏的妻子死后，也对别人说了同样的理由："我不如曾参，我的孩子不如曾华、曾元。"曾、王二人都终身不再娶妻，这些事例足以让人引以为鉴。曾、王之后，继母残酷地虐待前妻留下的孩子，离间父子骨肉的关系，让人伤心断肠的事，多得数不清。因此对于续娶之事，要慎重啊！要慎重啊！

江东一带，不避忌小妾所生之子，正妻死后，多以小妾主持家务。这样一来，小的摩擦或许不能避免，但限于名分，家庭内讧不像话的事就很少发生。河北一带，瞧不起小妾所生的孩子，不让他们加入有身份的人的行列。这样，丧妻之后必然要重娶一位，甚至娶三四次，以至于后母的年龄比前妻的孩子还小。后妻所生的儿子和前妻所生的儿子，在衣服饮食以及婚配做官上，竟然有着像士庶贵贱那样的差别，当地习俗认为这是很正常的。这样的家庭，一旦父亲去世，诉讼之事挤满衙门，诽谤辱骂之声在路上就能听到，前妻之子诬蔑后母是小妾，后母之子贬斥前妻之子为佣仆，他们到处宣扬先辈的言语行迹，暴露祖宗的是非短长，以此来证明自己的正直，这种人往往出现在这种家庭中。可悲啊！从古至今的奸臣佞妾，用一句话就把别人陷害的事可多啦！何况凭夫妇的情义，早晚都可以改变丈夫的心意，婢女僮仆为讨主人的欢心，帮助劝说引诱，长年累月，哪里会有孝子？对此不能不让人害怕。

常人的秉性，后夫大多宠爱前夫的孤儿，后妻必定虐待前妻的孩子。这并不是说只有妇人才有嫉妒的感情，男子具有一味溺爱的毛病，这也是事物的情势促使他们这样的。前夫的孩子，不敢与自己的孩子争夺家产，而从小抚养照顾他，日子久了就会产生爱心，所以就宠爱他；前妻的孩子，地位总在自己的孩子之上，读书做官，婚配嫁娶，没有一样不需防范，所以就虐待他。异姓孩子受宠，那么父母就遭到怨恨；后母虐待前妻之子，那么兄弟就成为仇人。哪家有这类事情，哪家就有家庭的祸害。

思鲁他们的堂舅殷外臣，是一位博学通达的读书人。他有两个儿子殷基、殷谌，都已长大成人，外臣妻亡后再娶王氏。殷基每当拜见后母时，都因感念生母而失声悲泣，不能控制自己悲伤的感情，家里人都不忍心抬头看他。王氏自己也很凄切难过，不知如何面对，婚后十天半月就请求退婚，外臣无奈，只好依照礼节将她送回娘家，这也是一件让人懊悔的事啊。

《后汉书》记载："安帝的时候，汝南有个姓薛名包字孟尝的人，他喜欢学习，行为诚实，母亲已去世，以格外孝顺闻名。后来，父亲娶了后妻就开始讨厌他，让他分家另住。薛包日夜放声痛哭，不肯离去，以至被父亲用棍棒殴打。薛包不得已，在家门外搭了间小屋居住，每天清晨回家洒扫庭院。父亲很生气，又赶他出门，薛包只好在里门外搭了间小屋居住，但从不忘记早晚按时回家向父母问安。这样过了一年多，父母也感到羞愧，让他回了家。父母死后，薛包守丧六年，超过了丧礼的要求。不久弟弟要求分家居住，薛包不能劝止，就把家中的财产平均分开：奴婢他要年老的，说：‘他们与我共事时间长了，你使唤不了。’田地房屋他要荒芜破烂的，说：‘这是我年轻时营造的，情意有所留恋。’器物他要破旧的，说：‘我平时所用，已经习惯了。’弟弟几次把自己的家产破败了，薛包一次又一次地供给他。建光年间，公车署特地征聘他，直到让他官拜侍中。但薛包生性恬淡，声称自己生病起不了床，只求一死。朝廷只好下诏准他保留官职，回家养病。”

治家第五

【题解】 儒家做学问的八个条目是：格物、致知、诚意、正心、修身、齐家、治国、平天下。其中的“齐家”即“治家”。要想达到治国、平天下的人生理想，必须先做到齐家。因为对于自己的家人尚且不能教导好，却能够教导好国人，这是不可能的。反过来讲，如果每个人的家政搞好了，那么整个国家、整个天下的教化也就完成了。作者在本篇中阐述了治家的主要注意事项，如：父慈子孝，兄友弟恭，夫义妇顺，施而不奢，俭而不吝，爱护书籍，反对迷信，等等，这些在今天仍有借鉴意义。至于反对妇女主持家政，把生养过多的女儿当作家庭的灾难，则带有明显的时代性和落后性。

夫风化者[①]，自上而行于下者也，自先而施于后者也。是以父不慈则子不孝，兄不友则弟不恭，夫不义则妇不顺矣。父慈而子逆，兄友而弟傲，夫义而妇陵[②]，则天之凶民，乃刑戮之所摄[③]，非训导之所移也。笞怒废于家，则竖子之过立见；刑罚不中[④]，则民无所措手足[⑤]。治家之宽猛，亦犹国焉。

孔子曰：“奢则不孙，俭则固；与其不孙也，宁固[⑥]。”又云：“如有周公之才之美，使骄且吝，其余不足观也已[⑦]。”然则可俭而不可吝已。俭者，省约为礼之谓也；吝者，穷急不恤之谓也。今有施则奢，俭则吝；如能施而不奢，俭而不吝，可矣。

生民之本，要当稼穑而食，桑麻以衣。蔬果之蓄，园场之所产；鸡豚之善[8]，埘圈之所生[9]。爰及栋宇器械，樵苏脂烛[10]，莫非种殖之物也。至能守其业者，闭门而为生之具以足，但家无盐井耳[11]。今北土风俗，率能躬俭节用，以赡衣食；江南奢侈，多不逮焉。

梁孝元世，有中书舍人，治家失度，而过严刻，妻妾遂共货刺客，伺醉而杀之。

世间名士，但务宽仁；至于饮食饷馈，僮仆减损，施惠然诺，妻子节量，狎侮宾客，侵耗乡党：此亦为家之巨蠹矣[12]。

齐吏部侍郎房文烈，未尝嗔怒，经霖雨绝粮，遣婢籴米，因尔逃窜，三四许日，方复擒之。房徐曰："举家无食，汝何处来？"竟无捶挞之意。尝寄人宅，奴仆彻屋为薪略尽[13]，闻之颦蹙[14]，卒无一言。

裴子野有疏亲故属饥寒不能自济者[15]，皆收养之。家素清贫，时逢水旱，二石米为薄粥，仅得遍焉，躬自同之，常无厌色。邺下有一领军，贪积已甚，家童八百，誓满一千。朝夕每人肴膳，以十五钱为率，遇有客旅，便无以兼。后坐事伏法，籍其家产，麻鞋一屋，弊衣数库，其余财宝，不可胜言。南阳有人，为生奥博[16]，性殊俭吝。冬至后女婿谒之，乃设一铜瓯酒，数脔獐肉[17]。婿恨其单率，一举尽之。主人愕然，俯仰命益，如此者再。退而责其女曰："某郎好酒，故汝尝贫。"及其死后，诸子争财，兄遂杀弟。

妇主中馈[18]，惟事酒食衣服之礼耳，国不可使预政，家不可使干蛊[19]。如有聪明才智，识达古今，正当辅佐君子，助其不足，必无牝鸡晨鸣[20]，以致祸也。

江东妇女，略无交游，其婚姻之家[21]，或十数年间，未相识者，惟以信命赠遗，致殷勤焉。邺下风俗，专以妇持门户，争讼曲直，造请逢迎，车乘填街衢，绮罗盈府寺，代子求官，为夫诉屈。此乃恒、代之遗风乎？南间贫素，皆事外饰，车乘衣服，必贵齐整；家人妻子，不免饥寒。河北人事，多由内政，绮罗金翠，不可废阙；羸马悴奴，仅充而已；唱和之礼，或尔汝之[22]。

河北妇人，织纴组紃之事[23]，黼黻锦绣罗绮之工[24]，大优于江东也。

太公曰[25]："养女太多，一费也。"陈蕃曰[26]："盗不过五女之门[27]。"女之为累，亦以深矣。然天生蒸民，先人遗体，其如之何？世人多不举女，贼行骨肉，岂当如此，而望福于天乎？吾有疏亲，家饶妓媵，诞育将及，便遣阍竖守之[28]。体有不安，窥窗倚户，若生女者，辄持将去；母随号泣，莫敢救之，使人不忍闻也。

妇人之性，率宠子婿而虐儿妇。宠婿，则兄弟之怨生焉；虐妇，则姊妹之谗行焉。然则女之行留[29]，皆得罪于其家者，母实为之。至有谚云："落索阿姑餐[30]。"此其相报也。家之常弊，可不诫哉！

婚姻素对，靖侯成规[31]。近世嫁娶，遂有卖女纳财，买妇输绢，比量父祖，计较锱铢[32]，责多还少，市井无畀。或猥婿在门，或傲妇擅室，贪荣求利，反招羞耻，可不慎欤！

借人典籍，皆须爱护，先有缺坏，就为补治，此亦士大夫百行之一也。济阳江禄，读书未竟，虽有急速，必待卷束整齐，然后得起，故无损败，人不厌其求假焉[33]。或有狼藉几案，分散部帙，多为童幼婢妾之所点污[34]，风雨虫鼠之所毁伤，实为累德[35]。吾每读圣人之书，未尝不肃敬对之；其故纸有《五经》词义，及贤达姓名，不敢秽用也[36]。

吾家巫觋祷请[37]，绝于言议；符书章醮[38]，亦无祈焉，并汝曹所见也。勿为妖妄之费。

【注释】 ① 风化：风俗教化。

② 陵：通“凌”，欺侮。

③ 摄：通“慑”，使害怕。

④ 中（zhòng）：合适。

⑤ 无所措手足：不知所措，无所适从。

⑥ 见《论语·述而》。孙，同“逊”，谦逊。固，鄙陋。

⑦ 见《论语·泰伯》。周公，姬旦，周文王之子，辅佐周武王灭纣，建立周王朝。武王死后，成王年幼，由他摄政。相传周代的礼乐制度均由他制订。

⑧ 善：通“膳”，饭食。

⑨ 埘圈（shí juàn）：埘是鸡窝，圈是喂养猪羊等家畜的建筑。

⑩ 樵苏：做燃料的柴和草。

⑪ 但家无盐井耳：只是家中不能生产盐。左思《蜀都赋》：“家有盐泉之井。”

⑫ 蠹（dù）：本指蛀虫，这里是指危害家庭的人或事。

⑬ 彻：通“撤”，拆毁。

⑭ 颦蹙（pín cù）：皱眉头，忧愁不乐。

⑮ 裴子野：南朝梁人，好学善文，以孝行著称于世。

⑯ 奥博：深奥广博，这里指对财富深藏广蓄。

⑰ 脔（luán）：切成块状的肉。

⑱ 中馈：指妇女在家中主持饮食等事宜。

⑲ 干蛊（gǔ）：这里是主持家政的意思。

⑳ 牝（pìn）鸡晨鸣：母鸡报晓，比喻妇女主政。

㉑ 婚姻之家：亲家。

㉒ 尔汝：古代尊长对卑幼的对称代词，若平辈用之，则表示对他的轻视。这里是指夫妻之间互相轻贱。

㉓ 织纴（rèn）组纠（xún）：泛指一切纺织活动。

㉔ 黼黻（fǔ fú）：古时礼服上的刺绣花纹。

㉕ 太公：姜太公，即吕尚。

㉖ 陈蕃：后汉名臣，曾上书朝廷，用养女太多而致家贫的道理说明皇宫蓄养过多的嫔妃会使国家贫困。

㉗ 盗不过五女之门：五个女儿的五套嫁妆就会把家弄穷，连盗贼都不会光顾的。

㉘ 阍（hūn）竖：看门人。

㉙ 行留：行指女儿出嫁，留指女婿招进家里。

㉚ 落索：冷落萧索。

㉛ 靖侯：颜之推九世祖颜含。

㉜ 锱铢：古代极小的计量单位，比喻微小的事物。

㉝ 假：借。

㉞ 点污：玷污。

㉟ 累德：有损道德。

㊱ 秽用：指用书卷盖器皿、当柴烧、糊窗户等。

㊲ 巫觋（xí）：男女巫师的合称。

㊳ 符书章醮（jiào）：道士用来驱鬼召福的文书和仪式。

【译文】 教育感化这件事，是从上面推行到下面，从前面施行到后面的。因此，父亲不慈爱，子女就不会孝顺；哥哥不友爱，弟弟就不会恭敬；丈夫不仁义，妻子就不会柔顺。父亲慈爱而子女忤逆，哥哥友爱而弟弟傲慢，丈夫仁慈而妻子凶悍，那么这种人就是天生的恶人，只有靠刑罚杀戮来使他们畏惧，而不是靠训诲引导可以改变的。家庭内取消体罚，孩子的过失就会立即出现；刑罚用得不当，百姓就不知如何是好。治家的宽严标准，与治国相类似。

孔子说："奢侈就显得不谦逊，俭朴就显得鄙陋。与其不谦逊，宁可鄙陋。”孔子又说：“假如一个人有周公那样的才能与美德，只要他既骄傲又吝啬，那么其他方面也就不值一提了。”这么来说，应该节俭而不应该吝啬。节俭，是指减省节约以合礼数；吝啬，是指对穷困急难的人也不关照周济。现在肯施舍却也奢侈，能节俭却又吝啬。如果能做到肯施舍又不奢侈，能节俭又不吝啬，那就好了。

百姓生存之本，是靠春播秋收生产食物，靠种植桑麻得到衣物。蔬菜水果的聚积，是靠果园菜圃里出产；鸡肉猪肉等美味，是从鸡窝猪圈里产生。直至房屋器用，柴草蜡烛，无一不是耕种养殖的产物。最善管理家业的人，不出门各种维持生计的物品就齐备了，只是缺一眼产盐的井罢了。现在北方的风俗，一般能够做到节俭节用，以保障衣食之用；江南地区风气奢侈，在节俭持家方面大都赶不上北方。

梁孝元帝时，有个中书舍人，治家没有规矩，对待家人过于严厉苛刻，妻妾就共同买通刺客，趁他喝醉后刺杀了他。

世上的名士，只知讲究宽厚仁爱，以至于待客馈送的食品，被僮仆减损，承诺接济亲友的东西，被妻子克扣，甚至发生侮辱宾客，侵犯乡邻的事情，这也是家中的一大祸害。

齐朝的吏部侍郎房文烈，从不生气发怒。一次，连续几天下雨，家中断粮，房文烈派一个婢女去买米，不料婢女乘机逃跑了。过了三四天后，才把她抓获。房文烈只是平心静气地对她说：“一家人都没吃的啦，你跑到哪里去了？”竟然不想用棍棒打她。房文烈曾把房子借给别人居住，借房人家的奴婢拆房子做柴烧，差不多要拆光了，他听后只是皱皱眉头，最终什么也没说。

裴子野这个人，凡是他的远亲旧属饥寒无力自救的，他都收养他们。他家里一向清贫，不时碰上水旱灾害，二石米煮成薄粥，才勉强让大家都吃上，他与大家一起喝薄粥，从来没有流露过埋怨的神情。邺下有一位领军，特别贪婪地聚敛财物。家中已有八百僮仆，他还要发誓凑满一千。早晚每人的饭菜，以十五文钱为标准，遇到有客人来，也不添加一点。后来他犯罪被查办，查抄家产时，发现他家麻鞋有一屋子，朽坏了的衣物装了几库房，其余的财宝，多得无法说清。南阳有个人，家财丰厚，性格特别吝啬。冬至后女婿来看他，他只摆出一小铜壶酒，几块獐子肉来招待。女婿嫌他太简慢，一下子就吃尽喝光了。南阳人吃了一惊，只好勉强命仆人添上一点，这样添了两次，回头责备他的女儿说："你丈夫太爱喝酒，弄得你老受穷。"到他死后，几个儿子争夺家财，竟发生了哥哥杀弟弟的事情。

妇女主持家务，不过是操办有关酒食衣服等礼仪方面的事罢了。就国家而言，不能让她们参与政事；就家庭而言，不可让她们主持家政。如果有聪明能干、博古通今的妇女，正应该辅佐自己的丈夫，以弥补他们的不足，决不会学母鸡报晓，干自己不该干的事，以招致祸患。

江东的妇女，没有一点交游，她们的娘家与婆家，有十几年间还没有见过面的。只有派人问候，互赠礼品，以表达深厚的情意。邺下风俗，专由妇女当家，她们与外人争辩是非，应酬交际，她们乘的车马挤满街道，穿的绮罗充盈官府。有的替儿子求官，有的为丈夫叫屈，这也许是魏国的鲜卑遗风吧？南方的贫寒人家，都注重外表的修饰打扮。车马衣服，以整齐为贵，而家中的妻子儿女，却不免挨饿受冻。河北一带人的交际，多由妻子出面，因而丝绸衣裙、金银翡翠是不能没有的。那瘦弱的马匹、憔悴的奴仆，不过是充数而已。至于夫唱妇随的礼节，恐怕已被夫妻之间直呼你我、相互轻贱所代替了。

河北妇女，论纺织、刺绣、裁剪一类的女工活儿，比江东妇女强得多。

姜太公说："女儿养得太多，是一大耗费。"陈蕃说："盗贼也不愿行窃有五个女儿的家庭。"女儿带来的拖累，也太深重了。然而天生众人，先辈留下的骨肉，你拿她有什么办法？人们多数不愿抚养女儿，生下的亲骨肉也要加以残害，难道做了这样的事，还希望上天赐福于你吗？我有一个远亲，家中有许多姬妾，她们中有谁即将分娩，就派看门人去监守。一旦产妇身体不适，就从门窗窥视，发现生下的是女儿，就立即抱走。母亲追出来，号啕大哭，没有人敢救助她，这种景象真是让人惨不忍闻。

妇人的秉性，大都宠爱女婿而虐待儿媳。宠爱女婿，儿子的不满由此而生；虐待儿媳，女儿的谗言随之而来。这样，不论是女儿被嫁出去还是女婿被招进来，都要得罪家人，这实际上都是母亲造成的。以至于有谚语说："婆婆吃饭好冷清！"这是她宠婿虐媳的报应吧！这是家庭中常见的弊端，能不引以为戒吗？

男婚女嫁要选择清寒人家，这是先祖靖侯立下的家规。近来嫁女娶妇，有卖女捞财、以钱买妇的现象。这些人家为子女选择配偶时，比较对方祖辈父辈的权势地位，计较对方财礼的多少，女方要求的多，男方应承的少，与商人交易没有两样。这样，选中的女婿猥琐卑贱，娶来的媳妇凶悍专权。他们贪荣求利，反而招来羞侮，对此能不慎重吗？

借人家的书籍，都得爱护。借来时如有缺坏，就给修补完好，这也是士大夫百种善行之一。济阳人江禄，读书未结束时，即使碰上急事，也一定要把书卷束整齐，然后才去处理事务，所以他读过的书完好如初，别人也不讨厌他来借书。有人把书籍乱七八糟地摊在桌子上，那些分散的书卷，往往要被孩童、婢女、侍妾们弄脏，被风雨、蛀虫、老鼠损坏，实在有损道德。我每读圣人著述的书，从来没有不严肃恭敬地对待；那些古书上有《五经》的文义以及贤达者的姓名，可不敢把它用在污秽的地方。

我们家里从不提及请巫婆神汉求鬼神消灾赐福的事，也从不用符书设道场去祈求福寿，这些都是你们看到的，切莫把钱花在妖巫虚妄的事情上。

风操第六

【题解】 “风操”即种种礼仪规范及风俗习尚，包括称谓、避讳、礼尚往来、送别、丧礼等方面。作者不仅阐述了诸方面的有关事项，并且将南北二地进行对比，是南北朝时期社会风俗礼仪诸方面的重要资料，加之作者“辨正时俗之谬”（晁公武《郡斋读书志》语），故而有重要的价值。

吾观《礼经》，圣人之教：箕帚匕箸，咳唾唯诺，执烛沃盥[①]，皆有节文[②]，亦为至矣。但既残缺，非复全书；其有所不载，及世事变改者，学达君子，自为节度，相承行之，故世号士大夫风操。而家门颇有不同，所见互称长短；然其阡陌[③]，亦自可知。昔在江南，目能视而见之，耳能听而闻之；蓬生麻中，不劳翰墨[④]。汝曹生于戎马之间，视听之所不晓，故聊记录，以传示子孙。

《礼》云：“见似目瞿，闻名心瞿[⑤]。”有所感触，恻怆心眼。若在从容平常之地，幸须申其情耳。必不可避，亦当忍之。犹如伯叔兄弟，酷类先人，可得终身肠断，与之绝耶？又：“临文不讳，庙中不讳，君所无私讳。”益知闻名，须有消息[⑥]，不必期于颠沛而走也。梁世谢举，甚有声誉，闻讳必哭，为世所讥。又有臧逢世，臧严之子也，笃学修行，不坠门风。孝元经牧江州，遣往建昌督事，郡县民庶，竞修笺书，朝夕辐辏，几案盈积，书有称“严寒”者，必对之流涕，不省取记，多废公事，物情怨骇[⑦]，竟以不办而还。此并过事也。

近在扬都，有一士人讳审，而与沈氏交结周厚，沈与其书，名而不姓，此非人情也。

凡避讳者，皆须得其同训以代换之[⑧]：桓公名白，博有五皓之称；厉王名长，琴有修短之目[⑨]。不闻谓布帛为布皓，呼肾肠为肾修也。梁武小名阿练，子孙皆呼练为绢；乃谓销炼物为销绢物，恐乖其义。或有讳云者，呼纷纭为纷烟；有讳桐者，呼梧桐树为白铁树，便似戏笑耳。

周公名子曰禽，孔子名儿曰鲤，止在其身，自可无禁。至若卫侯、魏公子、楚太子，皆名虮虱；长卿名犬子，王修名狗子，上有连及，理未为通。古之所行，今之所笑也。北土多有名儿为驴驹、豚子者，使其自称及兄弟所名，亦何忍哉？前汉有尹翁归，后汉有郑翁归，梁家亦有孔翁归，又有顾翁宠；晋代有许思妣、孟少孤，如此名字，幸当避之。

今人避讳，更急于古。凡名子者，当为孙地[⑩]。吾亲识中有讳襄、讳友、讳同、讳清、讳和、讳禹，交疏造次，一座百犯，闻者辛苦，无憀赖焉[⑪]。

昔司马长卿慕蔺相如，故名相如，顾元叹慕蔡邕，故名雍，而后汉有朱伥字孙卿，许暹字颜回，梁世有庾晏婴、祖孙登，连古人姓为名字，亦鄙才也。

昔刘文饶不忍骂奴为畜产[⑫]，今世愚人遂以相戏，或有指名为豚犊者。有识傍观，犹欲掩耳，况当之者乎？

近在议曹，共平章百官秩禄，有一显贵，当世名臣，意嫌所议过厚。齐朝有一两士族文学之人，谓此贵曰："今日天下大同，须为百代典式，岂得尚作关中旧意？明公定是陶朱公大儿耳[13]！"彼此欢笑，不以为嫌。

昔侯霸之子孙，称其祖父曰家公[14]；陈思王称其父为家父，母为家母；潘尼称其祖曰家祖：古人之所行，今人之所笑也。及南北风俗，言其祖及二亲，无云家者；田里猥人，方有此言耳。凡与人言，言己世父，以次第称之。不云家者，以尊于父，不敢家也。凡言姑姊妹女子子：已嫁，则以夫氏称之；在室，则以次第称之。言礼成他族，不得云家也。子孙不得称家者，轻略之也。蔡邕书集，呼其姑姊为家姑家姊；班固书集，亦云家孙。今并不行也。

凡与人言，称彼祖父母、世父母、父母及长姑[15]，皆加尊字，自叔父母已下，则加贤字，尊卑之差也。王羲之书，称彼之母与自称已母同，不云尊字，今所非也。

【注释】 ① 沃盥（guàn）：倒水洗手。

② 节文：节制修饰。

③ 阡陌：本意是田间纵横的小路，这里是途径之意。

④ 蓬生麻中，不劳翰墨：王利器先生认为"翰墨"恐"绳墨"之误，言蓬生麻中，不必用绳墨去校正，自然正直。绳墨是木匠画线用的工具。《荀子·劝学》："蓬生麻中，不扶而直。"

⑤ 语出《礼记·杂记》。瞿，通"惧"，恐惧。

⑥ 消息：斟酌。

⑦ 物情：人情。

⑧ 同训：即同义词。

⑨ 琴有修短之目：王利器曰："修琴之说，别无所闻。《淮南·修

务》篇：‘人性各有所修。’疑‘琴’为‘性’，音近之误。”今从其说。

⑩ 为孙地：为孙子留有余地，不要让孙子为避父亲的名讳而犯难。

⑪ 无憀（liáo）赖：无所适从。

⑫ 畜产：畜牲。

⑬ 陶朱公：春秋时越国大夫范蠡别号陶朱公。据《史记·越王勾践世家》记载，范蠡之次子在楚国因杀人被抓，范蠡的长子带着千金前去营救，因舍不得花钱，其弟最终被杀。

⑭ 侯霸：字君房，笃志好学，官至大司徒。《后汉书》有传。据卢文弨说，此二句中“孙”“祖”二字为衍文。

⑮ 长姑：父亲的姐姐。

【译文】 我读《礼经》，上面记载圣人的教诲：怎样使用簸箕笤帚为长辈清扫秽物，进餐时该怎样选匙子、筷子，在父母公婆面前该保持怎样的行为姿态，酒席宴会上该有什么礼节，又应遵循哪些规矩去服侍长辈洗手，这种种事项，都有一定的规矩礼仪，都讲得十分周详了。但此书已经残缺，不再是全本。有些礼仪规范，书中也未必全部记载，有些需要根据世事的变更作相应的调整，博学通达的君子，自己去权衡度量，递相传承进而推行，所以人们把这些礼仪规范称为士大夫风操。然而各个家庭不同，对所见的礼仪规范的优劣看法不同。然而它们的大致路径，还是很清楚的。过去我在江南时，耳闻目睹这些礼仪规范，深受其熏陶，就像蓬蒿生长在麻中，不用绳墨也长得很直。你们生长在战乱年代，对这些礼仪看不见听不到，所以，我姑且把它们记录下来，以便传示给子孙后代。

《礼记》上说：“看见与过世父母相似的容貌，目惊；听到与过世父母相同的名字，心惊。”这是因为有所感触，引发了深藏内心的哀痛。若是在自然平常的场合中发生这种事，幸而可以把感情表达出来。遇到实在无法避讳的情况，先应该忍一忍。比如自己的叔、伯、兄、弟，相貌有酷似过世父母的，难道你一辈子伤心断肠，与他们绝交吗？《礼记》又说：“写文章时不用避讳，在宗庙中祭祀不用避讳，在国君面前不避私讳。”这就让我们进一步明白，在听到过世父母的名字时，应该先考虑一下自己该表现的态度，不一定要马上慌张趋避。梁朝的谢举，很有声誉，但听到别人称呼他先父母的名字，他就会哭泣，被当时的人所讥笑。还有一个臧逢世，是臧严的儿子，爱好学习，注重品行，不失书香门第的家风。梁孝元帝任江州刺史时，派他到建昌督促公事，当地百姓纷纷写来信函，信函集中到官署，堆得桌案满满的，臧逢世在处理信函时，见到"严寒"一类的字眼，就会对之掉泪，无法察看回复，以至于常耽误公事。人们对他的这种举动既不满又诧异，他最终因影响办事而被召回。这都是忌讳之事做得过头了。

近来在扬州，有个读书人避讳"审"字，同时和姓沈的交情深厚。姓沈的给他写信，署名时只写名不写姓，这就不近人情了。

凡是要避讳的字，都需要用它的同义词来替换。齐桓公名叫小白，于是五白这种博戏就被称为"五皓"了；淮南厉王名长，所以"人性各有长短"就说成"人性各有修短"了。但还没有听说把布帛叫做布皓，把肾肠叫做肾修的。梁武帝的小名叫阿练，所以他的子孙都把练称为绢。然而如果把销炼物称为销绢物，恐怕就有悖词义了。还有忌讳云字的人，把纷纭叫做纷烟；忌讳桐字的人，把梧桐树叫做白铁树，这就像开玩笑了。

周公给儿子取名为禽，孔子给儿子取名为鲤，只限于他们本身，自然可以不去管他。至于像卫侯、韩公子、楚太子的名字都叫虮虱，司马相如的名字叫犬子，王修的名字叫狗子，这就牵涉到他们的父母，在道理上就说不通了。古人就是这么称呼的，在今天就可笑了。北方有许多人给儿子取名驴驹、猪子，如果让他们这样自称或让兄弟称呼他，怎么忍心呢？前汉有尹翁归，后汉有郑翁归，梁朝又有孔翁归，又有顾翁宠，晋代有许思妣、孟少孤，像这类名字，都应当尽量避免。

现在人的避讳，比古人更严格。那些为儿子取名的，应当为孙子留点余地。我的亲属好友中就有讳"襄"字的，讳"友"字的，讳"同"字的，讳"清"字的，讳"和"字的，讳"禹"字的。大家在一起，避讳很多，那些交往少的人一不小心，说话时就会冒犯在座某人的忌讳，听话的人难免悲伤，说话的人为此无所适从。

从前司马长卿钦慕蔺相如，所以改名为相如；顾元叹钦慕蔡邕，所以改名雍；而后汉朱伥字孙卿，许暹字颜回，梁朝有庾晏婴、祖孙登，这些人把古人连名带姓作为自己的名字，并不是什么好的做法。

从前，刘文饶不忍奴仆被骂为畜牲，现在有些愚蠢的人们，却拿这些字眼相互开玩笑。甚至有人指名道姓称别人为猪崽牛犊的，旁观者中有见识的人，都想把耳朵捂住，何况那些当事人呢？

最近，我在议曹参加商讨百官俸禄标准的问题，有一位显贵是当今名臣，他认为大家商议的标准过于优厚了。有一两位原齐朝士族的文学侍从便对这位显贵说："现在天下一统，我们应该给后世树一个好榜样，哪里还能依照以前的旧例呢？明公您这样节俭，一定是陶朱公的大儿子吧。"彼此相视欢笑，并不感到厌恶。

从前侯霸的儿孙，称他们的祖父为家公；陈思王称他的父亲为家父，母亲为家母；潘尼称他的祖父为家祖，古人就是这么称呼的，却被现在的人取笑。现在南北各地的风俗，讲到他的祖父和父母时，没有在前面加"家"字的。村野鄙贱之人，才有这种叫法。凡是和别人谈话，提到伯父，就按父辈排行次序称呼他。不加"家"字的原因，是因为伯父尊于父亲，所以不敢称"家"。凡是说到姑表姊妹，已经出嫁的，就以丈夫的姓氏称呼她；没有出嫁的，就按排行次序称呼她。因为女子结了婚就成了婆家的人，所以是不能称"家"的。对于子孙不可称"家"的，是为了表示对他们的轻视、忽略。蔡邕文集里称他的姑、姊为家姑、家姊；班固的文集里提到家孙，这些叫法现在不通行了。

凡与人谈话，提到对方的祖父母、伯父母、父母以及长姑，都要在称呼前面加一个"尊"字。从叔父母以下，则在称呼前面加一个"贤"字，以表示尊卑有别。王羲之的信，称呼别人的母亲和自己的母亲一样，前面不加尊字，这种做法在今天不可取。

南人冬至岁首，不诣丧家；若不修书，则过节束带以申慰[①]。北人至岁之日，重行吊礼。礼无明文，则吾不取。南人宾至不迎，相见捧手而不揖，送客下席而已；北人迎送并至门，相见则揖，皆古之道也，吾善其迎揖。

昔者，王侯自称孤、寡、不谷，自兹以降，虽孔子圣师，与门人言皆称名也。后虽有臣、仆之称，行者盖亦寡焉。江南轻重，各有谓号，具诸《书仪》；北人多称名者，乃古之遗风，吾善其称名焉。

言及先人，理当感慕，古者之所易，今人之所难。江南人事不获已[②]，须言阀阅[③]，必以文翰，罕有面论者。北人无何便尔话说[④]，及相访问。如此之事，不可加于人也。人加诸己，则当避之。名位未高，如为勋贵所逼，隐忍方便，速报取了；勿使烦重，感辱祖父。若没[⑤]，言须及者，则敛容肃坐，称大门中[⑥]，世父、叔父则称从兄弟门中，兄弟则称亡者子某门中，各以其尊卑轻重为容色之节，皆变于常。若与君言，虽变于色，犹云亡祖亡伯亡叔也。吾见名士，亦有呼其亡兄弟为兄子弟子门中者，亦未为安贴也。北土风俗，都不行此。太山羊侃[⑦]，梁初入南。吾近至邺，其兄子肃访侃委曲，吾答之云："卿从门中在梁，如此如此。"肃曰："是我亲第七亡叔，非从也。"祖孝徵在坐[⑧]，先知江南风俗，乃谓之云："贤从弟门中，何故不解？"

古人皆呼伯父叔父，而今世多单呼伯叔。从父兄弟姊妹已孤[⑨]，而对其前，呼其母为伯叔母，此不可避者也。兄弟之子已孤，与他人言，对孤者前，呼为兄子弟子，颇为不忍；北土人多呼为侄。案：《尔雅》《丧服经》《左传》，侄名虽通男女，并是对姑之称。晋世已来，始呼叔侄，今呼为侄，于理为胜也。

别易会难，古人所重；江南饯送，下泣言离。有王子侯[⑩]，梁武帝弟，出为东郡，与武帝别，帝曰："我年已老，与汝分张，甚以恻怆。"数行泪下。侯遂密云[⑪]，赧然而出。坐此被责，飘飖舟渚，一百许日，卒不得去。北间风俗，不屑此事，歧路言离，欢笑分首[⑫]。然人性自有少涕泪者，肠虽欲绝，目犹烂然。如此之人，不可强责。

凡亲属名称，皆须粉墨，不可滥也。无风教者[13]，其父已孤，呼外祖父母与祖父母同，使人为其不喜闻也。虽质于面，皆当加外以别之；父母之世叔父[14]，皆当加其次第以别之；父母之世叔母，皆当加其姓以别之；父母之群从世叔父母及从祖父母，皆当加其爵位若姓以别之。河北士人，皆呼外祖父母为家公家母；江南田里间亦言之。以家代外，非吾所识。

凡宗亲世数，有从父，有从祖，有族祖。江南风俗，自兹已往，高秩者，通呼为尊；同昭穆者[15]，虽百世犹称兄弟；若对他人称之，皆云族人。河北士人，虽三二十世，犹呼为从伯从叔。梁武帝尝问一中土人曰："卿北人，何故不知有族？"答云："骨肉易疏，不忍言族耳。"当时虽为敏对，于礼未通。

吾尝问周弘让曰："父母中外姊妹[16]，何以称之？"周曰："亦呼为丈人[17]。"自古未见丈人之称施于妇人也。吾亲表所行，若父属者，为某姓姑；母属者，为某姓姨。中外丈人之女，猥俗呼为丈母，士大夫之王母、谢母云。而《陆机集》有《与长沙顾母书》，乃其从叔母也，今所不行。

齐朝士子，皆呼祖仆射为祖公，全不嫌有所涉也，乃有对面以相戏者。

古者，名以正体，字以表德，名终则讳之，字乃可以为孙氏。孔子弟子记事者，皆称仲尼；吕后微时，尝字高祖为季；至汉爰种，字其叔父曰丝；王丹与侯霸子语，字霸为君房；江南至今不讳字也。河北士人全不辨之，名亦呼为字，字固呼为字。尚书王元景兄弟，皆号名人，其父名云，字罗汉，一皆讳之，其余不足怪也。

【注释】 ① 束带：束紧衣带，以示恭敬。

② 不获已：不得已。

③ 阀阅：阀也作“伐”，指功绩，阅指经历，合称表示功绩经历，也指家世。

④ 无何：无故。

⑤ 没：去世。

⑥ 大门中：对他人称自己故去的祖父、父亲。

⑦ 太山：泰山。 羊侃：字祖忻，自魏归梁，授徐州刺史，累迁都官尚书。《梁书》有传。

⑧ 祖孝徵：即祖珽，字孝徵，《北齐书》有传。

⑨ 从父：伯父、叔父之通称。

⑩ 王子侯：皇室子弟所分封的侯爵。

⑪ 密云：没有眼泪。《易·小畜·象》：“密云不雨。”这里指故作悲痛，流不出泪。

⑫ 分首：分手。

⑬ 风教：教化。

⑭ 世叔父：伯父和叔父。世父，即伯父。

⑮ 昭穆：古代宗庙或墓地的排列方式，始祖居中，二、四、六等双数的辈分，列于始祖左方，称昭，三、五、七等单数辈分，列于始祖右方，称穆。后也泛指家族内的辈分。

⑯ 中外：又称中表，内外之意。舅舅的孩子为内兄弟，姑姑的孩子为外兄弟。

⑰ 丈人：对亲戚长辈的通称。

【译文】 南方人在冬至、岁首这两个节日里，是不到办丧事的人家去的；如果不写信致哀的话，就等过节后穿戴整齐亲往吊唁，以表慰问。北方人在冬至、岁首这两个节日，却特别重视吊唁活动。这在礼仪上没有明文规定，我是不赞同的。南方人来了客人不出去迎接，见面时只是拱手不鞠躬，送客时仅仅是欠身离席而已；北方人迎送客人都到门口，相见时鞠躬为礼，这些都是古人的遗风，我赞赏北方人这种迎来送往的礼节。

从前，王公诸侯都自称孤、寡、不谷，从那以后，即使是孔子那样的至圣先师，与门人谈话时也都自称名字。后来有人自称臣、仆，然而这样做的人不多。江南的人不论地位高低，都各有称号，这都记载在《书仪》中；北方人自称名字，这是古人的遗风，我赞许这种称名字的做法。

说到先辈，理应产生哀念之情，这对于古人是很容易的，今人却感到困难。江南人谈到家世时，除非事不得已，否则，一定要以书信的形式，很少当面谈论。北方人无缘无故找人聊天，甚至到家中互相访问。像当面谈及家世这样的事，就不应当施加于人了。如果有人强行与你谈论你的家世，就应当尽力避开。你的名声地位不够高，如果被权贵逼迫言及家世，就应当克制、忍耐一下，简短回答作结。切莫让这种谈话烦琐重复，以免有辱自己的祖辈父辈。如果自己的祖辈、父辈已经去世，谈话中必须提到他们时，就应肃然端坐，口称“大门中”，对伯父、叔父则称“从兄弟门中”，对已去世的兄弟，就应称兄弟的儿子“某某门中”，并且要依照他们的尊卑轻重来决定自己的表情，与平时的表情全然不同。如果与国君谈话提到自己已去世的先辈，即使表情上有了改变，还可以说“亡祖、亡伯、亡叔”等称谓。我看见一些名士，与国君谈话时，也有称他的亡兄、亡弟为兄之子“某某门中”或弟之子“某某门中”，这是不很恰当的。北方的风俗，完全两样。泰山的羊侃，是梁朝初年来到南方的。我最近到邺城，羊侃哥哥的儿子羊肃来拜访我，询问羊侃的具体情况。我回答他说：“你从门中在梁朝，是这样这样的……”羊肃说：“他是我已逝的亲七叔，不是‘从’门。”祖孝徵当时也在座，他早就知道江南的风俗，就对羊肃说：“就是贤从弟门中，您怎么不了解？”

古代人都称呼伯父、叔父，而现在人多数只单称伯、叔了。叔伯兄弟、姊妹死去父亲后，当面称他们的父亲为伯母、叔母，这是无从回避的。兄弟去世，他们的儿女成为孤儿，与别人谈话时，当着孤儿的面，称他们为兄之子、弟之子，就很不忍心；北方人多数称他们为侄。据《尔雅》《丧服经》《左传》诸书，侄这个称呼虽然男女通用，但主要是对姑而言。晋代以来，才叫叔侄。如今统称为侄，在道理上是恰当的。

分别时容易再见时就难了，所以古人对离别很重视。江南地区为人送别时，提到离别就落泪。有一位王子侯，是梁武帝的弟弟，将去东郡任职，前去与武帝告别，武帝说："我年纪已老了，与你分别，真是伤心。"说着，流下了几行眼泪。王子侯也显出悲伤的样子，就是挤不出眼泪，只好红着脸离开了王宫。他因为这件事被指责，他的船在岸渚间飘荡了一百多天，最终还是不能离开。北方风俗，就不看重这种事，在岔路口谈起离别，都是欢笑着分手。当然，人群中本来就有一些天性很少流泪的人，尽管他们有时肝肠寸断，眼睛仍是炯炯有神。像这样的人，就不要勉强责怪他们。

凡是亲属的名字，都应加以修饰，不可滥用。那些缺乏教养的，在祖父祖母去世后，对外祖父外祖母的称呼与祖父祖母一样，让人听了不顺耳，替他们感到难过。虽是当着外祖父外祖母的面，都应在称呼前加"外"字以示区别；父母的伯父、叔父，都应在称呼前加上排行次序以示区别；父母的伯母、叔母，都应在称呼前加上他们的姓以示区别；父母的子侄辈的伯父、叔父、伯母、叔母以及他们的从祖父母，都应在称呼前加上他们的爵位和姓以示区别。河北的男子，都称外祖父、外祖母为家公家母；江南乡间也是这样称呼。用"家"来代替"外"字，这我就弄不懂了。

宗族亲属的世系辈数，有从父，有从祖，有族祖。江南的风俗，从本世往上数，对官职高的，通称为尊；同宗同辈的，虽然隔了一百代，仍然互相称为兄弟；如果是对外人谈起自己同宗族的人，则都称为族人。河北地区的男子，虽然隔了二三十代，仍然称作从伯、从叔。梁武帝曾问过一个中原人："你是北方人，为什么不知道'族'这种称呼呢?"中原人回答说："亲属骨肉之间的关系容易疏远，所以我不忍心用'族'来称呼。"这虽可以称得上是机敏的回答，在礼仪上却是行不通的。

我曾经问周弘让："父母的中表姊妹，你怎么称呼他们?"他回答说："也把他们称作丈人。"自古以来没有听见过用"丈人"称呼妇人的。我们的表亲所奉行的称呼是：凡是父亲的中表姊妹，就称她为某姓姑；凡是母亲的中表姊妹，就称她为某姓姨。中表长辈的妻子，俚俗称他们为丈母，士大夫则称她们为王母、谢母等等。而《陆机集》中有《与长沙顾母书》，其中的顾母就是陆机的从叔母，现在不这样称呼了。

齐朝的士大夫，都称祖珽仆射为祖公，完全不在乎这种称呼牵涉到祖父的称呼，甚至有人当着祖珽面用这种称呼开玩笑。

古时候，名是用来表明自身的，字是用来表明德行的，名在死后就应避讳，字却可以作为孙辈的氏。孔子的弟子在记录孔子言行时，都称他仲尼；吕后贫贱时，曾称汉高祖的字叫季；到汉代的爰种，称呼他叔父的字叫丝；王丹与侯霸的儿子说话，称呼侯霸的字叫君房；江南至今不避讳称字。河北的士大夫们对名和字完全不加区别，名也称作字，字当然就称作字。尚书王元景兄弟，都号称名人，他们的父亲名云，字罗汉，他俩对父亲的名和字都加以避讳，其他人的讳字，就不足为怪了。

《礼·间传》云："斩缞之哭[①]，若往而不反；齐缞之哭[②]，若往而反；大功之哭，三曲而偯[③]；小功缌麻，哀容可也，此哀之发于声音也。"《孝经》云："哭不偯。"皆论哭有轻重质文之声也。礼以哭有言者为号，然则哭亦有辞也。江南丧哭，时有哀诉之言耳；山东重丧，则唯呼苍天，期功以下[④]，则唯呼痛深，便是号而不哭。

江南凡遭重丧，若相知者，同在城邑，三日不吊则绝之；除丧[⑤]，虽相遇则避之，怨其不己悯也。有故及道遥者，致书可也；无书亦如之。北俗则不尔。江南凡吊者，主人之外，不识者不执手；识轻服而不识主人[⑥]，则不于会所而吊，他日修名诣其家[⑦]。

阴阳说云："辰为水墓，又为土墓，故不得哭。"王充《论衡》云："辰日不哭，哭则重丧。"今无教者，辰日有丧，不问轻重，举家清谧[⑧]，不敢发声，以辞吊客。道书又曰："晦歌朔哭，皆当有罪，天夺其算。"丧家朔望，哀感弥深，宁当惜寿，又不哭也？亦不谕。

偏傍之书[⑨]，死有归杀。子孙逃窜，莫肯在家；画瓦书符，作诸厌胜；丧出之日，门前然火[10]，户外列灰，祓送家鬼，章断注连。凡如此比，不近有情，乃儒雅之罪人，弹议所当加也。

己孤，而履岁及长至之节，无父，拜母、祖父母、世叔父母、姑、兄、姊，则皆泣；无母，拜父、外祖父母、舅、姨、兄、姊，亦如之：此人情也。

江左朝臣，子孙初释服，朝见二宫，皆当泣涕；二宫为之改容。颇有肤色充泽，无哀感者，梁武薄其为人[11]，多被抑退。裴政出服，问讯武帝[12]，贬瘦枯槁，涕泗滂沱，武帝目送之曰："裴之礼不死也。"

二亲既没，所居斋寝，子与妇弗忍入焉。北朝顿丘李构，母刘氏，夫人亡后，所住之堂，终身锁闭，弗忍开入也。夫人，宋广州刺史纂之孙女，故构犹染江南风教。其父奖，为扬州刺史，镇寿春，遇害。构尝与王松年、祖孝徵数人同集谈燕。孝徵善画，遇有纸笔，图写为人。顷之，因割鹿尾，戏截画人以示构，而无他意。构怆然动色，便起就马而去。举坐惊骇，莫测其情。祖君寻悟，方深反侧[13]，当时罕有能感此者。吴郡陆襄，父闲被刑，襄终身布衣蔬饭，虽姜菜有切割，皆不忍食；居家惟以掐摘供厨。江陵姚子笃，母以烧死，终身不忍啖炙。豫章熊康，父以醉而为奴所杀，终身不复尝酒。然礼缘人情，恩由义断，亲以噎死，亦当不可绝食也。

《礼经》：父之遗书，母之杯圈，感其手口之泽，不忍读用。政为常所讲习[14]，雠校缮写，及偏加服用，有迹可思者尔。若寻常坟典[15]，为生什物，安可悉废之乎？既不读用，无容散逸，惟当缄保，以留后世耳。

思鲁等第四舅母，亲吴郡张建女也，有第五妹，三岁丧母。灵床上屏风，平生旧物，屋漏沾湿，出曝晒之，女子一见，伏床流涕。家人怪其不起，乃往抱持；荐席淹渍，精神伤怛，不能饮食。将以问医，医诊脉云："肠断矣！"因尔便吐血，数日而亡。中外怜之，莫不悲叹。

【注释】 ① 斩缞（cuī）：古时五种丧服（斩缞、齐缞、大功、小功、缌麻）中最重的一种，用粗麻布做成，左右边、下边都不缝。

② 齐缞：古时五种丧服之一，次于斩缞。

③ 偯（yǐ）：嚎哭的余声。

④ 期功：期即期服（齐缞为期一年之服），功即大功、小功。

⑤ 除丧：除去丧服。

⑥ 轻服：指五种丧服中较轻的大功、小功、缌麻之类。

⑦ 名：名刺。相当于今天的名片。

⑧ 清谧：清静。

⑨ 偏傍之书：旁门左道之书。偏傍，不正。

⑩ 然火：燃火。

⑪ 薄：看不起。

⑫ 问讯：僧尼行礼，先打一躬，将手举指眉心，然后放下。

⑬ 反侧：惶恐不安。

⑭ 政：通"正"，只是。

⑮ 坟典：三坟五典，传说中上古之书，泛指典籍。

【译文】 《礼记·间传》上说："披戴斩缞孝服的人，一声悲哭仿佛气竭；披戴齐缞孝服的人，悲声阵阵，连续不停；披戴大功孝服的人，哭声一波三折，余音犹存；披戴小功、缌麻孝服的人，脸上显示出哀痛的表情就可以了。这些哀痛的感情是通过声音表达的。"《孝经》上说："孝子痛哭父母时，气竭而后止，不会拖出余音。"这些都是讲述哭声有轻与重、质朴与曲折的区别。礼俗以哭时伴有话语为号，如此哭泣也可带有言辞了。江南地区在丧事哭泣时，不时伴有哀诉的话语；山东一带，披戴斩缞孝服的人，哭泣时只呼喊苍天；披戴齐缞、大功、小功以下丧服的人，哭泣时只倾诉自己的悲痛有多么深重，这就是号而不哭。

江南地区凡遭逢重丧的人家，如果是与他家认识的人，又同住在一个城镇里，三天之内不去吊唁，就会断绝交往；即使丧期已过，丧家的人在路上与他们相遇，也要尽力避开，因为恨他们不怜恤自己。如果另有原因或因道路遥远而未能前来吊丧者，可以写信以表慰问；如果连信也没有，丧家也会与他断绝来往。北方的风俗就不同了。江南地区凡登门吊唁的，除了主人之外，对不认识的人就不握手；如果吊唁者只认识与死者关系较远的人而不认识主人，就不到治丧的地方去吊唁，而是在改日备好名刺再到丧家慰问。

阴阳家说："辰为水墓，又为土墓，所以辰日是不许哭泣的。"王充的《论衡》中说："辰日不能哭泣，哭泣一定是重丧。"而今那些没有教养的人，辰日有丧事，不问轻重，全家都静悄悄，不敢哭泣，并谢绝吊唁的客人。道家的书又说："晦日唱歌，朔日哭泣，都是有罪的，上天会减损他们的寿命。"丧家在朔日、望日，哀痛的感情特别深切，难道因为珍惜寿命，就不哭泣了吗？我真弄不明白。

旁门左道的书说，人死后有"归杀"，是说鬼魂要回来，这一天子孙要逃避在外，没人肯留在家里；要画瓦和书符，念咒驱鬼；出丧那天，要门前生火，户外铺炭，送走家鬼，上章给天曹祈求断绝死者的殃祸累及家人。诸如此类的例子，都不近人情，是儒雅的罪人，应该对此进行弹劾。

失去了父亲或母亲，在元旦和冬至两个节日里，若是没有父亲的，应该去拜望母亲、祖父母、叔伯父母、姑母、兄长、姐姐，都要哭泣；若是没有母亲的，应该去拜望父亲、外祖父母、舅舅、姨母、兄长、姐姐，也要哭泣：这是人之常情。

梁朝的大臣，他们的子孙刚脱下丧服，去朝见皇帝和太子时，都应该流泪哭泣。皇帝和太子都会为其哀情所感。但也有一些人肤色丰满光泽，毫无哀痛的感觉，梁武帝看不起他们的为人，这些人多数被压抑贬退。裴政除去丧服，行僧礼朝见梁武帝时，身体瘦弱，形容枯槁，当场痛哭流涕，梁武帝目送他出去，说："裴之礼没有死啊。"

父母去世之后，他们生前所居住的书房和卧室，儿子和媳妇都不忍心进去。北朝顿丘郡的李构，他的母亲刘氏去世后，她生前所居住的房子，李构一辈子都把它锁着，不忍心开门进去。李构的母亲，是宋广州刺史刘纂的孙女，因此李构受到了江南风教的熏陶。李构的父亲李奖，是扬州刺史，镇守寿春，被人杀害。李构曾与王松年、祖孝徵几个人聚在一起喝酒谈天。孝徵善于画画，又碰上有纸有笔，就微画了一个人。过了一会儿，因为割了宴席上的鹿尾，并顺手把画上的人截断给李构看，作为戏耍，并没有其他意思。李构却触景生情，想起了被害的父亲，悲痛得变了脸色，起身乘马离去。在场的人都惊诧不已，没有一个人知道其中的原因。祖孝徵后来醒悟过来，深感惶恐不安，当时很少有人能感觉到这一点。吴郡的陆襄，他的父亲陆闲被杀害。陆襄终身穿布衣吃素餐，即使是用刀切割开的生姜，他也不拿来食用；日常生活只用手掐摘蔬菜供烹调所用。江宁的姚子笃，因为母亲是被烧死的，所以他终身不忍心吃烤肉。豫章的熊康，父亲因酒醉后被奴仆所杀，所以他终身不再尝酒。然而，礼是为人的感情需要而订立的，恩情也是由事理来决定的，假如父母亲因为吃饭噎死了，也不至于因此就绝食吧！

《礼经》上说："父亲留下的书籍，母亲用过的口杯，感受到上面有父母的手汗与气味，就不忍心阅读和使用。"这正是因为这些东西是他们生前经常用来讲习、校对缮写以及经常使用的，有遗迹可以引发哀思罢了。如果是平常的书籍，各类生活物品，怎么能全部废弃呢？父母遗物，既已不阅读使用，也不能让它们分散丢失，应当封存保留，传给后代。

思鲁兄弟的四舅母，是吴郡张建的女儿，她有一位五妹，三岁时失去了母亲。那灵床上的屏风，是她母亲平时使用的旧物。这屏风因屋漏被沾湿，家人拿出去曝晒，那女孩子一见，就伏在床上痛哭起来。家人见她一直不起来，感到奇怪，就过去把她抱了起来；只见枕席已被泪水浸透，女孩神色哀伤，已不能饮食。家人带她去看医生，医生把过脉后说："她已经悲伤得哭断了肠子！"女孩为此吐血，几天后就死了。中表亲属都怜惜她，没有不悲伤叹息的。

《礼》云：忌日不乐[①]。正以感慕罔极，恻怆无聊，

故不接外宾，不理众务耳。必能悲惨自居，何限于深藏也？世人或端坐奥室[②]，不妨言笑，盛营甘美，厚供斋食；迫有急卒，密戚至交，尽无相见之理：盖不知礼意乎。

魏世王修，母以社日亡。来岁有社，修感念哀甚，邻里闻之，为之罢社。今二亲丧亡，偶值伏腊分至之节，及月小晦后，忌之外，所经此日，犹应感慕，异于余辰，不预饮宴、闻声乐及行游也。

刘縚、缓、绥，兄弟并为名器，其父名昭[③]，一生不为照字，惟依《尔雅》火旁作召耳。然凡文与正讳相犯[④]，当自可避；其有同音异字，不可悉然。刘字之下，即有昭音。吕尚之儿，如不为上；赵壹之子，傥不作一：便是下笔即妨，是书皆触也。

尝有甲设宴席，请乙为宾，而旦于公庭见乙之子，问之曰："尊侯早晚顾宅？"乙子称其父已往，时以为笑。如此比例[⑤]，触类慎之，不可陷于轻脱。

江南风俗，儿生一期[⑥]，为制新衣，盥浴装饰，男则用弓矢纸笔，女则刀尺针缕，并加饮食之物，及珍宝服玩，置之儿前，观其发意所取，以验贪廉愚智，名之为试儿。亲表聚集，致宴享焉。自兹已后，二亲若在，每至此日，常有酒食之事耳。无教之徒，虽已孤露，其日皆为供顿[⑦]，酣畅声乐，不知有所感伤。梁孝元帝年少之时，每八月六日载诞之辰[⑧]，常设斋讲；自阮修客薨殁之后，此事亦绝。

人有忧疾，则呼天地父母，自古而然。今世讳避，触途急切[⑨]。而江东士庶，痛则称祢。祢是父之庙号，父在无容称庙，父殁何容辄呼？《苍颉篇》有倄字，《训诂》云："痛而呼也，音羽罪反。"今北人痛则呼之。《声类》音于耒反，今南人痛或呼之。此二音随其乡俗，并可行也。

梁世被系劾者，子孙弟侄，皆诣阙三日，露跣陈谢[10]；子孙有官，自陈解职。子则草屩粗衣[11]，蓬头垢面，周章道路[12]，要候执事，叩头流血，申诉冤枉；若配徒隶，诸子并立草庵于所署门，不敢宁宅[13]，动经旬日，官司驱遣，然后始退。江南诸宪司弹人事，事虽不重，而以教义见辱者，或被轻系而身死狱户者，皆为怨雠，子孙三世不交通矣[14]。到洽为御史中丞，初欲弹刘孝绰，其兄溉先与刘善，苦谏不得，乃诣刘涕泣告别而去。

兵凶战危，非安全之道。古者，天子丧服以临师，将军凿凶门而出[15]。父祖伯叔，若在军阵，贬损自居，不宜奏乐宴会及婚冠吉庆事也。若居围城之中，憔悴容色，除去饰玩，常为临深履薄之状焉。父母疾笃，医虽贱虽少，则涕泣而拜之，以求哀也。梁孝元在江州，尝有不豫[16]，世子方等亲拜中兵参军李猷焉。

四海之人，结为兄弟，亦何容易。必有志均义敌，令终如始者，方可议之。一尔之后，命子拜伏，呼为丈人，申父友之敬；身事彼亲，亦宜加礼。比见北人，甚轻此节，行路相逢，便定昆季[17]，望年观貌，不择是非，至有结父为兄，托子为弟者。

昔者，周公一沐三握发，一饭三吐餐，以接白屋之士，一日所见者七十余人。晋文公以沐辞竖头须，致有图反之诮。门不停宾，古所贵也。失教之家，阍寺无礼，或以主君寝食嗔怒，拒客未通，江南深以为耻。黄门侍郎裴之礼，好待宾客，或有此辈，对宾杖之；僮仆引接，折旋俯仰[18]，莫不肃敬，与主无别。

【注释】 ① 忌日：旧时父母死亡之日禁止饮酒作乐，称忌日。

② 奥室：深隐的内室。

③ 据《梁书·文学传》，刘昭有二子刘縚、刘缓，不载刘绥，疑为衍字。

④ 正讳：人的正名。

⑤ 比例：可比照的事例。

⑥ 期（jī）：周年。

⑦ 供顿：设宴招待客人。

⑧ 载诞之辰：生日。载，始。

⑨ 触途：诸方面。

⑩ 露跣（xiǎn）：不戴帽子露出发髻，不穿鞋光着脚。

⑪ 屩（jué）：草鞋。

⑫ 周章：诚惶诚恐的样子。

⑬ 宁宅：安居。

⑭ 交通：交往，来往。

⑮ 凶门：古时将军出征之前，开凿一扇向北的门，并从此出门，如同办丧事，以示必死的决心。

⑯ 不豫：不适，指生病。

⑰ 昆季：兄弟。

⑱ 折旋：曲身而行，行礼时的动作。

【译文】 《礼记》上说："忌日不作乐。"正是由于有不尽的感伤思慕，郁郁不乐，所以这个日子不接待宾客，不办理公务。如果真是发自心底的伤心独处，何必把自己局限于内室呢？有人虽然端坐在深宅之中，却从未停止谈笑，没有放弃过饮宴，摆上很多美味佳肴享受。可是一旦有什么紧急的事发生，至爱亲朋却无法和他们相见，这种人大概是不懂得礼的意义吧！

魏朝王修的母亲，是在社日这天去世的。第二年社日，王修思念母亲，十分悲痛，邻居们听说了这件事，为此停止了社日活动。现在，父母去世的日子假如正碰上伏祭、腊祭、春分、秋分、夏至、冬至这些日子，以及忌日的前后三天，忌月晦日的前后三天，除忌日外，凡是在上述日子里，仍应对父母感怀思慕，与别的日子有所不同，即在这些日子里，应当做到不参加酒宴，不听欢快的音乐，不到外地游玩。

刘縚、刘缓、刘绥三兄弟，都是名人，他们的父亲叫刘昭，所以兄弟们一辈子都不用“照”字。只是依照《尔雅》用火旁作召来代替。然而凡文字与人的名相同，自然应当避讳。如果是同音异字，就不该全部避讳了。刘（劉）字的下半部，就有昭的音。如果吕尚的儿子不能写“上”字，赵壹的儿子不能写“一”字，那么他们便会一下笔就犯难，一写字就犯忌了。

曾经有某甲，准备设宴款待某乙。早上在官署见到某乙的儿子，就问他：“令尊大人几时能光临寒舍？”某乙的儿子却回答说他父亲已往（亡）。当时传为笑柄。类似的事例，凡是碰上一定要慎重对待，不要那样轻率。

江南的风俗，孩子生下来一周年，就为他缝制新衣裳，洗浴打扮，对男孩就用弓箭纸笔，对女孩就用剪子、尺子、针线，再加上饮食以及珍宝玩具等物，把它们放在孩子面前，观察他（她）想抓的东西，以此来检验孩子是贪婪还是廉洁，是愚笨还是聪明，这种风俗被称作试儿。这一天亲戚们聚集在一起，宴请招待。从此以后，只要父母在世，每年的这一天，都会置办酒宴，以示庆祝。那些没有教养的人，虽然父母已不在世，赶上这一天，仍要设宴待客，尽兴痛饮，纵情声乐，全然不知还应有所感伤。梁孝元帝年轻时，每逢八月六日生日这天通常是吃素讲经；自他母亲阮修容去世后，这种事情不再有了。

人有忧患疾病时，就呼唤天地和父母，自古以来就是这样。现在人们讲究避讳，处处比古人严格。而江东的士人百姓，悲痛时就叫祢。祢是已故父亲的庙号，父亲在世时都不允许叫庙号，父亲死后怎能随意的呼叫他的庙号呢？《苍颉篇》中有倄字，《训诂》解释说：“这是因为悲痛而呼喊出的声音，发音是羽罪反。”现在北方人悲痛时就呼这个音。《声类》注这个字是于耒反，现在南方人悲痛时就呼这个音。这两个音随人们的乡俗而定，都是可行的。

梁朝被拘囚弹劾的人，他的子孙弟侄们，都要到皇帝的宫门去，整整三天，赤足露脚，陈述请罪；子孙中如果有做官的，就主动请求免除官职。他的儿子们穿上草鞋、布衣，蓬头垢面，诚惶诚恐地守候在道路上，拦住主管官员，叩头流血，申诉冤枉；如果这人被发配去服苦役，他的儿子们就一起在官署门口搭草棚居住，不敢在家中安居，一住就是十天，直到被官府驱逐才离开。江南地区各宪司弹劾某人，案情虽不严重，但是某人因教义而受弹劾之辱，或者因此被拘囚而身死狱中，两家就会结下怨仇，子孙三代都不相往来。到洽当御史中丞的时候，开始想弹劾刘孝绰，到洽的哥哥到溉早就与刘孝绰关系友好，苦苦规劝到洽不要弹劾刘孝绰而未能如愿，就前往刘孝绰处，流着泪与他告别后就离开了。

兵器是凶器，战争是危事，都不是安全之道。古时候，天子穿着丧服去统帅军队，将军凿凶门而出征。某人的父祖伯叔如果在军队，他就应当自我约束，不应当参加奏乐、宴会，以及婚礼冠礼等吉庆活动。如果某人处在被围困的城邑中，他就应该是面容憔悴，除掉饰物器玩，时时显出如临深渊、如履薄冰的畏惧样子。如果他的父母病重，那医生即使地位低、年纪轻，他也应该向医生哭泣跪拜，以求得医生的哀怜。梁孝元帝在江州时，曾经生了病，他的大儿子方等就亲自去拜求过中兵参军李猷。

四海之人，结为兄弟，这谈何容易。必定是那些志同道合，对朋友始终如一的人，才能谈得上。一旦与人结为兄弟，就让自己的孩子向他下拜，称他为丈人，表达对父辈朋友的敬意；自己对结拜兄弟的父母，也应施礼。我常常见到一些北方人，在这一点上很轻率，两个人陌路相逢，立即结为兄弟，论年龄看外貌，也不斟酌一下是否妥当，以至于有的把父辈当作兄长，有的把子侄辈当作弟弟。

古时候，周公沐浴一次要三次握起长发，一顿饭中三次吐出口中的食物，以接待来访的平民寒士，曾在一天之内就接见了七十余人。而晋文公以沐浴为借口拒绝竖头须接见，以致遭到“图反”的讥诮。家中宾客不断，这是古人所看重的。那些没有良好家教的人家，他们的看门人也倨傲无礼，对待来访的宾客，以主人正在吃饭、休息和心情不好为借口，拒绝为客人通报，江南地区深以此类事为耻。黄门侍郎裴之礼，喜欢接待宾客，如果他家的奴仆中有这样的人，他就会当着客人的面用棍子责打他。因此，他的门下僮仆接待客人时，进退礼仪、表情言辞，没有一样不是毕恭毕敬，与对待自己的主人没有差别。

慕贤第七

【题解】 本篇阐述了作者尊重人才的观点和思想。作者认为人才难得，与人才交往非常重要，强调要与有才能的人交朋友。对于人才，不应“用其言，弃其身”，因为人才关系到国家的兴衰和存亡。这些观点至今仍不落后，值得我们认真借鉴。

古人云：“千载一圣，犹旦暮也；五百年一贤，犹比髆也[①]。”言圣贤之难得，疏阔如此[②]。傥遭不世明达君子，安可不攀附景仰之乎？吾生于乱世，长于戎马，流离播越[③]，闻见已多；所值名贤，未尝不心醉魂迷，向慕之也。人在少年，神情未定，所与款狎[④]，熏渍陶染，言笑举对，无心于学，潜移暗化，自然似之。何况操履艺能[⑤]，较明易习者也[⑥]？是以与善人居，如入芝兰之室，久而自芳也；与恶人居，如入鲍鱼之肆，久而自臭也。墨翟悲于染丝[⑦]，是之谓矣。君子必慎交游焉。孔子曰：“无友不如己者[⑧]。”颜、闵之徒，何可世得！但优于我，便足贵之。

世人多蔽，贵耳贱目，重遥轻近。少长周旋[⑨]，如有贤哲，每相狎侮[⑩]，不加礼敬；他乡异县，微藉风声，延颈企踵，甚于饥渴。校其长短，核其精粗，或彼不能如此矣。所以鲁人谓孔子为东家丘[⑪]。昔虞国宫之奇，少长于君，君狎之，不纳其谏，以至亡国，不可不留心也。

用其言，弃其身，古人所耻。凡有一言一行，取于人者，皆显称之，不可窃人之美，以为己力；虽轻虽贱者，必归功焉。窃人之财，刑辟之所处[12]；窃人之美，鬼神之所责。

梁孝元前在荆州[13]，有丁觇者[14]，洪亭民耳，颇善属文，殊工草隶；孝元书记，一皆使之。军府轻贱，多未之重，耻令子弟以为楷法，时云："丁君十纸，不敌王褒数字[15]。"吾雅爱其手迹，常所宝持。孝元尝遣典签惠编送文章示萧祭酒[16]，祭酒问云："君王比赐书翰，及写诗笔[17]，殊为佳手，姓名为谁？那得都无声问？"编以实答。子云叹曰："此人后生无比，遂不为世所称，亦是奇事。"于是闻者少复刮目。稍仕至尚书仪曹郎，末为晋安王侍读[18]，随王东下。及西台陷殁，简牍湮散，丁亦寻卒于扬州。前所轻者，后思一纸，不可得矣。

侯景初入建业[19]，台门虽闭，公私草扰，各不自全。太子左卫率羊侃坐东掖门，部分经略[20]，一宿皆办，遂得百余日抗拒凶逆。于时，城内四万许人，王公朝士，不下一百，便是恃侃一人安之，其相去如此。古人云："巢父、许由，让于天下；市道小人，争一钱之利。"亦已悬矣[21]。

齐文宣帝即位数年[22]，便沉湎纵恣，略无纲纪；尚能委政尚书令杨遵彦[23]，内外清谧，朝野晏如，各得其所，物无异议，终天保之朝。遵彦后为孝昭所戮，刑政于是衰矣。斛律明月[24]，齐朝折冲之臣[25]，无罪被诛，将士解体，周人始有吞齐之志，关中至今誉之。此人用兵，岂止万夫之望而已也！国之存亡，系其生死。

张延隽之为晋州行台左丞，匡维主将，镇抚疆埸[26]，储积器用，爱活黎民，隐若敌国矣[27]。群小不得行志，同力迁之；既代之后，公私扰乱，周师一举，此镇先平。齐亡之迹，启于是矣。

【注释】 ① 比髆（bó）：肩并肩，形容一个挨一个。髆，肩胛。

② 疏阔：这里是稀少的意思。

③ 播越：离散。

④ 款狎：款洽狎习，指关系密切。

⑤ 操履艺能：节操、德行、本事、才能。

⑥ 较：明显。

⑦ 墨翟悲于染丝：《墨子·所染》："子墨子见染丝者而叹曰：'染于苍则苍，染于黄则黄，所入者变，其色亦变，五入而已则为五色矣：故染不可不慎也。"

⑧ 无：同"毋"，不要。孔子此语见《论语·学而》。

⑨ 少长（shào zhǎng）：从小到大。 周旋：与人来往。

⑩ 狎侮：不尊敬。

⑪ "所以鲁人"句：《文选》陈琳《为曹洪与魏文帝书》："怪乃轻其家丘。"张铣注："鲁人不识孔子至人，乃云：'我东家丘者，吾知之矣。"意思是孔子的近邻鲁国人，对圣人孔子反而不尊敬。

⑫ 刑辟（bì）：刑法，律令。

⑬ 梁孝元：梁元帝萧绎。 荆州：今湖北江陵。

⑭ 丁觇：书法家。张彦远《法书要录》："丁觇与智永同时人，善隶书，也称丁真永草。"

⑮ 王褒：字子渊，琅邪临沂人，工于书法，为时所重。《周书》有传。

⑯ 典签：官名，掌管文书。 萧祭酒：萧子云，王褒的姑夫，仕梁为国子祭酒，书法家。祭酒为官名。

⑰ 诗笔：诗文。六朝人以诗笔对言，笔指无韵之文。

⑱ 晋安王：梁简文帝萧纲，于梁天监五年封为晋安王。

⑲ 侯景：字万景，北魏怀朔镇人。降梁后又带兵反叛，攻破梁都城建康。史称“侯景之乱”。 建业：今江苏省南京市，梁时称建康。

⑳ 部分：部署分配（任务）。

㉑ 悬：悬殊。

㉒ 文宣帝：北齐君主高洋，字子建。

㉓ 杨遵彦：杨愔（yīn），字遵彦，弘农华阴人。官至北齐尚书令，以贤能称。乾明初孝昭篡位，被杀。

㉔ 斛律明月：北齐名将斛律金之子，名光，字明月。善骑射，战功卓著，后被人陷害致死。

㉕ 折冲：迫使敌人的战车后退。冲，一种战车。

㉖ 疆埸（yì）：国界。

㉗ 隐若敌国：其威重可与一国相匹敌。隐，威重之貌。

【译文】 古人说：“一千年出一个圣人，也就像从早到晚这么快了；五百年出一个贤士，也就像一个接一个那么多了。”这是说圣贤之难得，相隔邈远，旷世不遇。如遇到了人世罕有的明达君子，怎么能不去攀附景仰他呢？我出生在乱世，成长于战争年代，四处飘泊，所见所闻够多的了。遇上名流贤士，没有不心醉魂迷地向往钦慕。人年轻时，精神性情尚未定型，与那些情投意合的朋友朝夕相处，受他的影响，言谈笑貌，举手投足，虽然没有刻意跟朋友去学，但在潜移默化中，自然与朋友相似起来。何况操守德行和技艺才能，都是明显容易学到的东西呢？因此，与善良的人住在一起，就像是进入满是芷草兰花的屋子一样，时间一长自己也变得芬芳起来；和恶劣的人住在一起，就像进入卖鲍鱼的店铺一样，时间一长自己也变得腥臭起来。墨子看见人们染丝就叹息，表达的就是这个意思。君子与人交往一定要慎重啊。孔子说：“不要和不如自己的人交朋友。”像颜回、闵损那样的贤人，哪能常有？只要有胜过我的地方，就足以让我看重了。

世人多有偏见，重视传闻的东西，轻视眼见的东西，重视远方的事物，忽略身边的事物。从小到大一起相处的人，如果有了贤士哲人，人们往往是轻慢侮弄，不以礼相待。对处于远方异地的人，凭着一点名声，就能使大家伸长脖子、踮起脚尖朝思暮盼，如饥似渴地想见一见。其实客观地比较一下两者的优劣，也许远处的人还不如身边的人呢。正因为如此，鲁国的人轻蔑地称孔子为“东家丘”。过去虞国的宫之奇，与虞国国君从小一起长大。虞君对他很随便，不能采纳他的劝谏，以至于落了个亡国的结局，这个教训不能不留心啊。

采用了某人的意见却抛弃了这个人，这种行为古人认为是耻辱的。凡是一个建议、一件事情，从别人那里得到帮助的，就应该公开称扬人家，不要窃取别人的成果，把这些都当成自己的功劳；即使是地位低下的人，也一定要肯定他的功绩。窃取别人的钱财，会遭到刑罚的处置；窃取别人的成果，会遭到鬼神的谴责。

梁孝元帝从前在荆州时，有个叫丁觇的人，是洪亭百姓，很会写文章，特别擅长草书和隶书。孝元帝的文书抄写，全都交给他。军府中人因他地位轻贱，多数看不起他，耻于让自己的子弟临习他的书法。当时流行一句话：“丁君写出十张纸，不如王褒几个字。”我非常喜欢他的墨迹，常常把它们珍藏起来。孝元帝曾经让掌管文书的惠编送文章给祭酒萧子云看，萧子云问惠编：“君王最近写给我的书信墨迹，还有他的诗歌文章，都非常漂亮，那书写者一定是位高手，他叫什么名字？怎么会毫无名声？”惠编如实回答了。萧子云感叹说：“这个人在后辈中没有谁能比得上，却不为世人称道，真是一件奇怪的事情。”从此以后，听说这话的人才对丁觇稍稍刮目相看。丁觇后来渐渐升为尚书仪曹郎，最后任晋安王侍读，随晋安王东下。等到西台陷落时，那些文书信札一起散失了，丁觇不久也在扬州去世。他过去被人轻视的书法，后来的人再想得到片纸一字，也不可能了。

侯景刚攻入建业城时，台门虽已紧闭，而官员百姓惊恐不安，人人自危。只有太子左卫率羊侃坐守东掖门，部署分配御敌任务，筹划安排作战器械，仅一个晚上就办好了，于是争取到一百天的时间来抵抗凶恶的叛军。当时，城中有四万多人，其中王侯大臣也不下百人，全靠羊侃一人安定局面。他们之间的差距是如此之大。古人说：“巢父、许由把天下这样的大利都推辞掉了，而市井小人为一个小钱却争夺不休。”两者的差距太悬殊了。

齐朝文宣帝即位几年后，便沉湎酒色，为所欲为，毫不顾及纲常法纪。但他尚能把政事交给尚书令杨遵彦，才使得朝野内外清静安宁，人人事事都安排得很妥帖，整个天保年间都维持了这种局面。杨遵彦后来被孝昭帝杀死，国家的刑律政令从此就衰败了。斛律明月是齐朝安邦定国的大臣，无罪被杀，军中将士因此人心涣散，周国才萌生了吞并齐国的欲望，关中一带人民至今对斛律明月称誉不已。这个人用兵，岂止是一人能抵万人而已，他的生死，牵系着国家的存亡。

张延隽任晋州行台左丞时，辅助支持主将，镇守安抚疆界，储藏聚积物资，爱护救助百姓，威严庄重可与一国匹敌。那些卑鄙小人不能按自己的意愿行事，就联合起来放逐了他。那些人取代了他的职位后，把晋州弄得一塌糊涂，周军一起兵，晋州先被吞并。齐国灭亡的迹象，早已从这里开始了。

勉学第八

【题解】 本篇集中讲述学习的问题。作者列举大量事例，从正反两个方面论述了学习的必要性和重要性。并提出了自己的主张：读书要“博览机要”，反对空守章句；扩大知识面，学以致用；重视“眼学”，反对道听途说；向劳动者学习，等等。

自古明王圣帝，犹须勤学，况凡庶乎！此事遍于经史，吾亦不能郑重[①]，聊举近世切要，以启寤汝耳[②]。士大夫子弟，数岁已上，莫不被教，多者或至《礼》《传》，少者不失《诗》《论》。及至冠婚，体性稍定，因此天机[③]，倍须训诱。有志尚者，遂能磨砺，以就素业[④]；无履立者，自兹堕慢，便为凡人。人生在世，会当有业：农民则计量耕稼，商贾则讨论货贿，工巧则致精器用，伎艺则沈思法术，武夫则惯习弓马，文士则讲议经书。多见士大夫耻涉农商，羞务工伎，射则不能穿札，笔则才记姓名，饱食醉酒，忽忽无事，以此销日[⑤]，以此终年。或因家世余绪，得一阶半级，便自为足，全忘修学；及有吉凶大事，议论得失，蒙然张口[⑥]，如坐云雾；公私宴集，谈古赋诗，塞默低头，欠伸而已[⑦]。有识旁观，代其入地。何惜数年勤学，长受一生愧辱哉！

梁朝全盛之时，贵游子弟，多无学术，至于谚云：“上车不落则著作，体中何如则秘书。”无不熏衣剃面，傅粉施朱，驾长檐车，跟高齿屐[⑧]，坐棋子方褥，凭斑丝隐囊[9]，列器玩于左右，从容出入，望若神仙。明经求第，则顾人答策[10]；三九公宴[11]，则假手赋诗。当尔之时，亦快士也。及离乱之后，朝市迁革，铨衡选举，非复曩者之亲；当路秉权，不见昔时之党。求诸身而无所得，施之世而无所用。被褐而丧珠，失皮而露质，兀若枯木，泊若穷流，鹿独戎马之间[12]，转死沟壑之际。当尔之时，诚驽材也。有学艺者，触地而安。自荒乱以来，诸见俘虏。虽百世小人，知读《论语》《孝经》者，尚为人师；虽千载冠冕，不晓书记者，莫不耕田养马。以此观之，安可不自勉耶？若能常保数百卷书，千载终不为小人也。

夫明六经之指[13]，涉百家之书，纵不能增益德行，敦厉风俗，犹为一艺，得以自资。父兄不可常依，乡国不可常保，一旦流离，无人庇荫，当自求诸身耳。谚曰："积财千万，不如薄伎在身[14]。"伎之易习而可贵者，无过读书也。世人不问愚智，皆欲识人之多，见事之广，而不肯读书，是犹求饱而懒营馔，欲暖而惰裁衣也。夫读书之人，自羲、农已来[15]，宇宙之下，凡识几人，凡见几事，生民之成败好恶，固不足论，天地所不能藏，鬼神所不能隐也。

有客难主人曰[16]："吾见强弩长戟，诛罪安民，以取公侯者有矣；文义习吏[17]，匡时富国，以取卿相者有矣；学备古今，才兼文武，身无禄位，妻子饥寒者，不可胜数，安足贵学乎？"主人对曰："夫命之穷达，犹金玉木石也；修以学艺，犹磨莹雕刻也。金玉之磨莹，自美其矿璞；木石之段块，自丑其雕刻。安可言木石之雕刻，乃胜金玉之矿璞哉？不得以有学之贫贱，比于无学之富贵也。且负甲为兵，咋笔为吏，身死名灭者如牛毛，角立杰出者如芝草；握素披黄，吟道咏德，苦辛无益者如日蚀[18]，逸乐名利者如秋荼[19]，岂得同年而语矣。且又闻之：生而知之者上，学而知之者次。所以学者，欲其多知明达耳。必有天才，拔群出类，为将则暗与孙武、吴起同术，执政则悬得管仲、子产之教，虽未读书，吾亦谓之学矣。今子既不能然，不师古之踪迹，犹蒙被而卧耳。"

【注释】 ① 郑重：这里是频繁之意。

② 启寤：启发开悟。寤，通"悟"。

③ 天机：本意是神秘的天意，这里指难得的机遇。

④ 素业：清素之业，即传统士子所从事的儒业。

⑤ 销：通"消"，消磨时日。

⑥ 蒙然张口：张口结舌，说不出话来。蒙，通"懵"。

⑦ 欠伸：打呵欠，伸懒腰。

⑧ 跟：穿。

⑨ 凭：靠。 隐囊：即靠枕。

⑩ 顾：同"雇"。

⑪ 三九：三公九卿。

⑫ 鹿独：流离飘泊的样子。

⑬ 六经：《诗经》《书经》《乐经》《易经》《礼经》《春秋》。 指：通"旨"，主旨。

⑭ 伎：通"技"，技术。

⑮ 自羲、农已来：自从伏羲氏、神农氏以来。伏羲氏、神农氏是上古传说中的古代帝王。已，即"以"。

⑯ 难：责难，质问。

⑰ 文义：学习文章含义。

⑱ 日蚀：日食，比喻少见。

⑲ 秋荼：秋天的茅草，比喻很多。

【译文】 自古以来的圣明帝王，尚且必须勤奋好学，何况是普通百姓呢！这类事情在经书史书中到处可见，我不想过多举例，姑且列举近世紧要的事，以启发提醒你们。历代士大夫的子弟，长到几岁后，没有不受教育的，那些学得多的，已经学了《礼经》《左传》，学得少的，也学了《诗经》《论语》；等他们成年后，身体和性情都要定型，应趁着这个时机，加倍对他们进行训导和教育。那些有志气的，就能经受磨炼，以成就其清素的儒业；那些没有操守的，从此懒散起来，就成了平庸的人。人生在世，应该从事一定的事业：农民就要琢磨耕田种地，商人就要谈论交易，工匠就要精心制作器物，艺人就要深入研究技艺，武士就要熟悉骑马射箭，文人就要讲谈讨论儒家经书。我常见许多士大夫耻于谈及农业商业，又缺乏手工技艺方面的本领，射箭不能穿铠甲，动笔时只能写出姓名，整天酒足饭饱，无所事事，以此消磨时间，了结一生。还有人因为祖上的荫庇，得了个一官半职，就心满意足，完全忘记了学习的事。碰上有吉凶大事，议论起得失来，就张口结舌，茫然无知，仿佛堕入云里雾里一般。在各种公私宴会的场合，大家谈古论今，赋诗明志，他却像塞住了嘴一般，低头不吭气，只有打呵欠、伸懒腰的份。有见识的旁观者，都为他羞愧，恨不得替他钻入地下。这些人为何舍不得用几年时间勤学，而去长受一生的羞辱呢？

梁朝全盛时期，贵族子弟不学无术，以至于当时的谚语说："登车不摔跤，可作著作郎；会说身体好，可做秘书官。"这些贵族子弟没有一个不穿着熏香的衣服，修剃脸面，涂脂抹粉的；他们外出驾长檐车，踏着高齿屐，坐着有方格图案的丝绸褥子，倚着五彩丝绸织成的靠枕，左右摆满了器用玩物，进进出出，神气十足，看上去仿佛神仙模样。到了明经策问求取功名时，他们只能雇人顶替；在三公九卿列席的宴会上，他们借别人的手为自己赋诗，附庸风雅。在这种时刻，他们也显得像模像样的。等到动乱发生，朝廷变迁，考察选举人才者，不再任用从前的亲信，朝中执掌大权的也不再是旧日的同党。这时，这些贵族子弟，靠自己又不中用，想在社会上发挥作用又没本事。他们只能身穿粗布衣服，卖掉家中的珠宝，失去华丽的外表，露出无能的本质，呆头呆脑像一株枯木，有气无力似无源之水，在兵荒马乱中颠沛流离，最后落了个抛尸荒野的结局。这时候，他们就成了地地道道的蠢材了。有学问有手艺的人，走到哪里都能站稳脚跟。兵荒马乱开始后，我见到不少俘虏，其中一些人虽然祖祖辈辈都是平民百姓，但由于懂得《论语》《孝经》，还可以去给别人当老师。而另外一些人，虽然世世代代都是达官大族，但由于不会动笔，结果没有一个人不是去给别人耕田养马的。由此看来，怎么能不努力学习呢？如果能经常保有几百卷书，就是再过一千年也不会沦落为平民百姓。

通晓六经旨意，涉猎百家著述，即使不能增加道德修养，劝勉世风习俗，仍不失为一种才艺，可借此自谋生计。父兄不可能永远依凭，家国不可能常保无事，一旦流离失所，没有人能保护你时，你就应该自己去想办法了。俗话说："积财千万，不如薄技在身。"容易学习而又可致富贵的本事，没有比得上读书的了。世人不管是聪明的还是愚笨的，都希望认识的人多，见识的事广，却不肯去读书。这就像想吃饱却又懒得做饭，想穿暖又懒得裁衣。大凡读书人，从伏羲、神农时代以来，在世界上，共认识了多少人，见识了多少事，一般人的成败好恶，他们本来就看得很清楚的。就是天地鬼神的事情，也瞒不过他们的眼睛。

有客人对我发问诘难："我看有的人凭借强弓长戟，去讨伐叛逆安抚百姓，以取得公侯爵位；有的人凭借精通文史，去匡正时俗，使国家富足，以取得卿相职位；但是另一些人，学贯古今，文武双全，却身无俸禄官爵，妻子儿女要挨饿受冻，这些人多得不可胜数，如此说来，哪里还应看重学习呢？"我回答说："一个人的命运是困顿还是显达，就如同金玉和木石；研习学问和技艺，就如同琢磨金玉、雕刻木石。经过琢磨的金、玉，比原始的矿、璞美得多了；而未经雕刻的木石，比雕刻过的丑得多了。但怎么说雕刻过的木石胜于未经琢磨的金玉呢？所以，不能拿有学问的人的贫贱，去与没有学问的人的富贵相比。况且，身怀武艺的人，也有去当小兵的；满腹诗书的人，也有去当小吏的。这些人身死名灭多如牛毛，出类拔萃的人少如灵芝。现在，勤奋攻读、修养品性、含辛茹苦却没有出息的人，就像日蚀一样稀少；而安于享乐、追名逐利的人像秋草那样繁多，两者怎么能相提并论呢？况且我还听说过：生下来就明白事理的人是上等人；通过学习明白事理的人是次一等的人。人之所以要学习，就是想使自己知识丰富、思想通达。

如果说一定有天才的话，那就是出类拔萃的人，作为将领，他们暗中具备了孙武、吴起的军事谋略；作为执政者，他们先天具备管仲、子产的政治素养。像这样的，即使他们没有读过书，我也说他们是有学问的。如今你既不能达到这样的水平，又不去效仿古人的勤奋好学，那就好比蒙着被子睡大觉，什么也不知道。”

人见邻里亲戚有佳快者[①]，使子弟慕而学之，不知使学古人，何其蔽也哉？世人但知跨马被甲，长稍强弓[②]，便云我能为将。不知明乎天道，辨乎地利，比量逆顺，鉴达兴亡之妙也[③]。但知承上接下，积财聚谷，便云我能为相。不知敬鬼事神，移风易俗，调节阴阳，荐举贤圣之至也[④]。但知私财不入，公事夙办，便云我能治民。不知诚己刑物[⑤]，执辔如组，反风灭火，化鸱为凤之术也[⑥]。但知抱令守律，早刑晚舍[⑦]，便云我能平狱。不知同辕观罪，分剑追财，假言而奸露，不问而情得之察也。爰及农商工贾，厮役奴隶，钓鱼屠肉，饭牛牧羊，皆有先达，可为师表，博学求之，无不利于事也。

夫所以读书学问，本欲开心明目，利于行耳。未知养亲者，欲其观古人之先意承颜，怡声下气，不惮劬劳[⑧]，以致甘旨，惕然惭惧，起而行之也；未知事君者，欲其观古人之守职无侵，见危授命，不忘箴谏，以利社稷，恻然自念，思欲效之也；素骄奢者，欲其观古人之恭俭节用，卑以自牧，礼为教本，敬者身基，瞿然自失[⑨]，敛容抑志也；素鄙吝者，欲其观古人之贵义轻财，少私寡欲，忌盈恶满，赒穷恤匮[⑩]，赧然悔耻，积而能散也；素暴悍者，欲其观古人之小心黜己，齿弊舌存，含垢藏疾，尊贤容众，苶然沮丧[11]，若不胜衣也；素怯懦者，欲其观古人之达生委命，强毅正直，立言必信，求福不回，勃然奋厉，不可恐慑也：历兹以往，百行皆然。纵不能淳，去泰去甚。学之所知，施无不达。今世人读书者，但能言之，不能行之，忠孝无闻，仁义不足；加以断一条讼，不必得其理；宰千户县，不必理其民；问其造屋，不必知楣横而棁竖也[12]；问其为田，不必知稷早而黍迟也；吟啸谈谑，讽咏辞赋，事既优闲，材增迂诞，军国经纶，略无施用。故为武人俗吏所共嗤诋[13]，良由是乎！

夫学者所以求益耳。见人读数十卷书，便自高大，凌忽长者[14]，轻慢同列；人疾之如仇敌，恶之如鸱枭。如此以学自损，不如无学也。

古之学者为已，以补不足也；今之学者为人，但能说之也。古之学者为人，行道以利世也；今之学者为已，修身以求进也。夫学者犹种树也，春玩其华，秋登其实[15]。讲论文章，春华也；修身利行，秋实也。

【注释】 ① 佳快：指才华出众。

② 矟（shuò）：同“槊”，长矛，古代一种兵器。

③ 鉴达：借鉴，通晓。

④ 至：周密。

⑤ 刑：通“型”，典范。

⑥ 鸱：鸱鸮（chī xiāo），猫头鹰，古人视其为恶鸟，不祥之鸟。

⑦ 早刑晚舍：早判刑，晚赦免。

⑧ 劬（qú）劳：劳苦。

⑨ 瞿然：惊恐的样子。

⑩ 赒（zhōu）穷恤匮：周济贫穷的人。

⑪ 苶（nié）然：疲倦的样子。

⑫ 棁（zhuō）：梁上的短柱。

⑬ 嗤诋（chī dǐ）：耻笑，诋毁。

⑭ 凌忽：轻视，看不起。

⑮ 登：果实成熟。

【译文】　人们看见邻居亲戚中有出人头地的人物，让子弟去仰慕他，进而学习他，却不懂得让子弟去学习古人，为什么这样糊涂？一般人只看见将军跨骏马，披盔甲，手持长矛强弓，就说我也能当将军，却不知道要了解天象的阴晴寒暑，分辨地理的险易远近，比较权衡逆境顺境，审察掌握兴盛衰亡的种种奥妙；一般人只知道当宰相的禀承旨意，统领百官，为国家掌管好钱粮，就说我也能当宰相，却不知道要敬事鬼神、移风易俗、调节阴阳、举荐贤能的种种至理；一般人只知道不损公肥私，公事应及早处理，就说我也能管理百姓，却不知道以诚待人，为人楷模，治理百姓，如驾车马，止风灭火，消灾除难，化鸱为凤，为恶为善的种种道理；一般人只知道法令条律，判刑赶早，赦免推迟，就说我也能秉公办事，却不知道同辕观罪，分剑追财，用假言诱使奸诈者暴露，不用反复审问而案情自明等等深刻的洞察力。推广到农夫、商人、工匠、僮仆、奴隶、渔夫、屠夫、喂牛的、喂羊的，他们中间都有堪称前辈的贤明之人，可以作为学习的榜样。广泛地向他们学习，没有不利于成就事业的。

人之所以要读书学习，本来是为了开发心智、提高认识能力，以有利于自己的行动。对那些不知如何侍奉父母的人，要他们看到古人如何体察父母的心意，看父母的脸色行事，不怕劳苦，给父母弄些鲜美软嫩的食物，使他们这些不孝者看了之后感到惭愧，起而效法古人。对那些不知如何侍奉国君的人，使他们看到古人如何忠于职守，不要超越权限；如何在危险的关头，不惜牺牲生命；如何以国家利益为重，不忘自己忠心进谏的职责，进而使他们看了之后去痛心疾首地检点自己，从而努力效法古人。对那些平时骄横奢侈的人，使他们看到古人如何恭谨俭朴，节约费用，如何谦卑自守，以礼让为教育之本，以恭敬为立身之本，使他们悚然警觉，感到自己的过失，从而收敛骄横的神色，抑制奢侈的心意。对那些平时浅薄吝啬的人，使他们看到古人是如何重义疏财，少有私欲，忌盈恶满；如何周济贫困、散财济世，使他们看了之后脸红而生羞耻悔恨之心，从而做到既能聚财又能散财。对于那些平时凶残暴虐的人，让他们看到古人如何小心谨慎，自我约束，懂得齿亡舌存的道理；如何宽仁大度，尊崇贤士，容忍众生，使他们看了之后凶焰顿消，显出谦恭退让的神情，好像连衣服也架不起来。对于那些平时胆小懦弱的人，让他们看到古人如何看透人生，无畏无惧，如何刚正不阿，讲求信义，使他们看了之后奋发振作，无所畏惧：由此类推，各方面的品行都可以通过上述方式培养。即使不能匡正世风，也可以消除那些偏离道德规范的不良行为。从学习中获取的知识，处处都能应用。而现在的读书人，只知空谈，不付诸行动，忠孝没有，仁义欠缺。再加上他们审判一桩官司，不一定了解其中的道理；主管一个千户小县，不一定亲自管理过问百姓；问他们怎样建造房子，不一定知道楣是横着放而柱子是竖着放；问他们怎样种田，不一定知道高粱要早下种而黍子要晚下种；他们整天只知道吟咏歌唱，谈笑戏谑，对治理军国大事，毫无办法。所以他们被武人俗吏嗤笑诋毁，原因就在这里吧！

人们学习是为了受益。我看见有人读了几十卷书，就自高自大起来，冒犯长者，侮慢同辈。大家仇视他像对仇敌一般，厌恶他像讨厌猫头鹰一样。像这样以学习自损形象的人，还不如不学习呢。

古人求学是为了充实自己，以弥补自身的不足；今人求学是为了向别人炫耀，只是夸夸其谈。古人求学是为了广利他人，推行自己的主张以造福社会；今人求学是为了自己的需求，修身养性是为了仕进做官。学习好比种树，春天玩赏花朵，秋天收获果实。讲论文章，是玩赏春天的花朵；修身利行，就好比秋天收获果实。

人生小幼，精神专利[①]，长成已后，思虑散逸，固须早教，勿失机也。吾七岁时，诵《灵光殿赋》，至于今日，十年一理，犹不遗忘；二十之外，所诵经书，一月废置，便至荒芜矣。然人有坎壈[②]，失于盛年，犹当晚学，不可自弃。孔子云："五十以学《易》，可以无大过矣。"魏武、袁遗，老而弥笃，此皆少学而至老不倦也。曾子七十乃学，名闻天下；荀卿五十，始来游学，犹为硕儒；公孙弘四十余，方读《春秋》，以此遂登丞相；朱云亦四十，始学《易》《论语》；皇甫谧二十，始受《孝经》《论语》：皆终成大儒，此并早迷而晚寤也。世人婚冠未学，便称迟暮，因循面墙，亦为愚耳。幼而学者，如日出之光；老而学者，如秉烛夜行，犹贤乎瞑目而无见者也。

学之兴废，随世轻重。汉时贤俊，皆以一经弘圣人之道，上明天时，下该人事[③]，用此致卿相者多矣。末俗已来不复尔，空守章句，但诵师言，施之世务，殆无一可。故士大夫子弟，皆以博涉为贵，不肯专儒。梁朝皇孙已下，总丱之年[④]，必先入学，观其志尚，出身已后，便从文吏，略无卒业者。冠冕为此者，则有何胤、刘瓛、明山宾、周舍、朱异、周弘正、贺琛、贺革、萧子政、刘縚等，兼通文史，不徒讲说也。洛阳亦闻崔浩、张伟、刘芳，邺下又见邢子才：此四儒者，虽好经术，亦以才博擅名。如此诸贤，故为上品。以外率多田里闲人，音辞鄙陋，风操蚩拙[⑤]，相与专固，无所堪能，问一言辄酬数百，责其指归，或无要会[⑥]。邺下谚云："博士买驴，书券三纸，未有驴字。"使汝以此为师，令人气塞。孔子曰："学也，禄在其中矣。"今勤无益之事，恐非业也。夫圣人之书，所以设教，但明练经文，粗通注义，常使言行有得，亦足为人；何必"仲尼居"即须两纸疏义，燕寝讲堂[⑦]，亦复何在？以此得胜，宁有益乎？光阴可惜，譬诸逝水。当博览机要[⑧]，以济功业；必能兼美，吾无间焉[9]。

俗间儒士，不涉群书，经纬之外[10]，义疏而已。吾初入邺，与博陵崔文彦交游，尝说《王粲集》中难郑玄《尚书》事，崔转为诸儒道之，始将发口[11]，悬见排蹙[12]，云："文集只有诗赋铭诔，岂当论经书事乎？且先儒之中，未闻有王粲也。"崔笑而退，竟不以粲集示之。魏收之在议曹，与诸博士议宗庙事，引据《汉书》，博士笑曰："未闻《汉书》得证经术。"魏便忿怒，都不复言，取《韦玄成传》，掷之而起。博士一夜共披寻之[13]，达明，乃来谢曰："不谓玄成如此学也[14]。"

【注释】 ① 专利：专心致志。

② 坎壈（lǎn）：困窘。

③ 该：具备，这里是贯通之意。

④ 总丱（guàn）之年：童年。丱，古时儿童的一种发式，头发梳成髻，向上分开。

⑤ 蚩拙：痴呆，笨拙。

⑥ 要会：要点。

⑦ 燕寝：闲居之处。　讲堂：讲习之地。

⑧ 机要：精义和要点。

⑨ 无间：没什么可指责批评的。

⑩ 经纬：经书和纬书。经书即指儒家的经典著作，纬书相对于"经书"而言，是指汉代混合神秘之学而附会儒家经典的书。

⑪ 发口：开口。

⑫ 排蹙（cù）：排挤，引申为责难。

⑬ 披寻：披阅找寻。

⑭ 不谓：想不到。

【译文】 人在幼小的时候，精神专注敏锐，长大成人以后，思想容易分散，因此，对孩子确实必须及早教育，不可坐失良机。我七岁时，背诵《灵光殿赋》，直到今天，每隔十年温习一次，仍然没有忘记。二十岁以后，所背诵的经书，搁置到那儿一个月，便荒废了。当然，人总有困厄的时候，壮年时失去了求学的机会，在晚年时也应抓紧学习，不要自暴自弃。孔子说："五十岁学习《易经》，就可以不犯大错了。"魏武帝、袁遗他们，随着年龄的增长，学习的兴趣越来越浓厚。这些都是少年时期勤奋学习、到老年也不厌倦的例子。曾子七十岁才开始学习，最后名闻天下；荀子五十岁才开始到齐国游学，还成为儒家大师；公孙弘四十岁才开始学习《春秋》，以此为起点，登上丞相的大位；朱云也是四十岁才开始学习《易经》《论语》；皇甫谧二十岁才开始学习《孝经》《论语》。他们最后都成了大学者，这些都是早年沉迷而晚年醒悟的例子。一般人到了成年以后还没开始学习，就以为为时已晚，万事皆休，结果进一步浪费了时间，好像面对一堵墙，什么也看不见，也够愚蠢的了。从小开始学习，就好像太阳初升时的光芒；到老才开始学习，像拿着蜡烛夜里走路，总比闭上眼睛什么也看不见好吧。

学习风气的兴盛还是衰败，是随着世风的变化而变化的。汉代的贤俊之士，都靠一部经书来弘扬圣人之道，上知天文，下知人事，以此获得卿相官职的人很多。汉末以来社会风气改变以后就不再是这样了。读书人拘泥于章句，只会背诵老师讲过的现成话，如果以此来处理实际事务，几乎没有任何好处。所以，士大夫的子弟们都以广读博览为贵，不肯专攻儒业。梁朝从皇孙以下，在儿童时代就先让他们入学读书，以观察他们的志趣所在。到了入仕的年龄后，就去参预文官的事务，很少有把学业坚持到底的。既当官又坚持学习的，只有何胤、刘瓛、明山宾、周舍、朱异、周弘正、贺琛、贺革、萧子政、刘绍等人，这些人文笔也在行，不光只是能口头讲讲而已。在洛阳城，我还听说过崔浩、张伟、刘芳三人的大名，邺下那里还有位邢子才：这四位学者，虽然都喜好经术，但同样以才识广博而著称。像这样的贤士，才算是为官中的上品。此外都是些乡野村夫，他们语言鄙陋，风度拙劣，互相之间各执己见，一无所能。你问他一句话，他就回答你一百句。如果问他究竟其中的意旨是什么，他的回答不着边际。邺下有句谚语说："博士上市去买驴，契约写了三大张，却不见一个驴字。"如果你拜这种人为师，岂不灰心丧气。孔子说："去学习吧，俸禄就在其中了。"现在人们在没有益处的事情上下功夫，恐怕这不是正事吧。圣人的典籍是用来教化的，只要熟悉经文，粗通注文之义，常使自己的言行有所收获，也就足以在世上为人了。何必对“仲尼居”三字就要用两张纸的注疏来解释呢，你说“居”是闲居之处，他说“居”指讲习之所，现在又有谁能亲见？在这种问题上争个你输我赢，又有什么益处呢？光阴可贵，就像逝去的流水，一去不复返了。你们应当广泛阅读书中的精要之处，以求对自己的事业有所帮助。如果你们能把博览与专精结合起来，我就再也没有什么可以批评指责的了。

世俗的儒生，不博览群书，除了研读经书纬书之外，只是看看解释这些经典的注疏而已。我刚到邺城，与博陵的崔文彦交往，我与他谈起《王粲集》中关于王粲责难郑玄《尚书注》的事，崔文彦转而向几位读书人谈起此事，刚一开口，这些人便责难他：“文集中只有诗、赋、铭、诔等文体，难道会论及有关经书的事吗？况且在先辈学者中，也没有听过王粲其人呢。”崔文彦笑了笑便离开了，终究未把《王粲集》给他们看。魏收在议曹时，和几位博士议论宗庙的事，他引用《汉书》作证据，博士们笑道：“没有听说《汉书》可以验证经学的。”魏收很生气，一句话也不再说，把《汉书》中的《韦玄成传》丢给他们就起身离开了。众博士一起翻阅了一整夜，直到第二天天亮，才来向魏收道歉说：“想不到韦玄成还有这么深的学问呢。”

夫老、庄之书，盖全真养性[①]，不肯以物累己也。故藏名柱史[②]，终蹈流沙；匿迹漆园[③]，卒辞楚相，此任纵之徒耳。何晏、王弼，祖述玄宗，递相夸尚，景附草靡[④]，皆以农、黄之化，在乎己身；周、孔之业，弃之度外。而平叔以党曹爽见诛，触死权之网也；辅嗣以多笑人被疾，陷好胜之阱也；山巨源以蓄积取讥，背多藏厚亡之文也；夏侯玄以才望被戮，无支离拥肿之鉴也；荀奉倩丧妻，神伤而卒，非鼓缶之情也；王夷甫悼子，悲不自胜，异东门之达也；嵇叔夜排俗取祸，岂和光同尘之流也；郭子玄以倾动专势，宁后身外己之风也；阮嗣宗沉酒荒迷，乖畏途相诫之譬也；谢幼舆赃贿黜削，违弃其余鱼之旨也：彼诸人者，并其领袖，玄宗所归。其余桎梏尘滓之中，颠仆名利之下者[5]，岂可备言乎！直取其清谈雅论，辞锋理窟，剖玄析微，妙得入神，宾主往复，娱心悦耳，然而济世成俗，终非急务。洎于梁世[6]，兹风复阐，《庄》《老》《周易》，总谓"三玄"。武皇、简文，躬自讲论，周弘正奉赞大猷[7]，化行都邑，学徒千余，实为盛美。元帝在江、荆间，复所爱习，故置学生，亲为教授，废寝忘食，以夜继朝，至乃倦剧愁愤，辄以讲自释。吾时颇预末筵，亲承音旨，性既顽鲁，亦所不好云。

齐孝昭帝侍娄太后疾，容色憔悴，服膳减损。徐之才为灸两穴，帝握拳代痛，爪入掌心，血流满手。后既痊愈，帝寻疾崩，遗诏恨不见太后山陵之事[8]。其天性至孝如彼，不识忌讳如此，良由无学所为。若见古人之讥欲母早死而悲哭之，则不发此言也。孝为百行之首，犹须学以修饰之，况余事乎！

梁元帝尝为吾说："昔在会稽，年始十二，便已好学。时又患疥，手不得拳，膝不得屈。闲斋张葛帏避蝇独坐[9]，银瓯贮山阴甜酒，时复进之，以自宽痛。率意自读史书，一日二十卷，既未师受[10]，或不识一字，或不解一语，要自重之，不知厌倦。"帝子之尊，童稚之逸，尚能如此，况其庶士，冀以自达者哉？

古人勤学，有握锥投斧，照雪聚萤，锄则带经，牧则编简，亦云勤笃。梁世彭城刘绮，交州刺史勃之孙，早孤家贫，灯烛难办，常买荻尺寸折之，然明夜读。孝元初出会稽，精选寮寀[11]，绮以才华为国常侍兼记室，殊蒙礼遇，终于金紫光禄大夫。义阳朱詹，世居江陵，后出扬都，好学，家贫无资，累日不爨[12]，乃时吞纸以实腹；寒无毡被，抱犬而卧，犬亦饥虚，起行盗食，呼之不至，哀声动邻，犹不废业，卒成大学，官至镇南录事参军，为孝元所礼。此乃不可为之事，亦是勤学之一人。东莞臧逢世，年二十余，欲读班固《汉书》，苦假借不久[13]，乃就姊夫刘缓乞丐客刺书翰纸末，手写一本，军府服其志尚，卒以《汉书》闻。

齐有主宦者，内参田鹏鸾，本蛮人也。年十四五，初为阍寺[14]，便知好学，怀袖握书，晓夕讽诵。所居卑末，使役苦辛，时伺间隙，周章询请。每至文林馆，气喘汗流，问书之外，不暇他语。及睹古人节义之事，未尝不感激沈吟久之。吾甚怜爱，倍加开奖。后被赏遇，赐名敬宣，位至侍中开府。后主之奔青州，遣其西出，参伺动静，为周军所获。问齐主何在，绐云[15]："已去，计当出境。"疑其不信，欧捶服之[16]，每折一支[17]，辞色愈厉，竟断四体而卒。蛮夷童丱犹能以学成忠，齐之将相，比敬宣之奴不若也。

邺平之后，见徙入关。思鲁尝谓吾曰："朝无禄位，家无积财，当肆筋力，以申供养。每被课笃，勤劳经史，未知为子，可得安乎？"吾命之曰："子当以养为心，父当以教为事。使汝弃学徇财，丰吾衣食，食之安得甘？衣之安得暖？若务先王之道，绍家世之业，藜羹缊褐[18]，我自欲之。"

【注释】 ① 全真养性：保全本真，涵养本性。
② 柱史：柱下史，周秦官名，掌管图书。老子曾为柱下史。

③ 漆园：地名，在今山东曹县境内。庄子曾为漆园吏。

④ 景附草靡：如同影子依附形体，草木随风而倒一样。景，影的本字。

⑤ 颠仆：倒下。

⑥ 洎（jì）：到。

⑦ 大猷（yóu）：治国安邦的大计。

⑧ 山陵之事："丧事"的婉称。《水经注·渭水》："秦名天子冢曰山，汉曰陵。"

⑨ 张葛帏：挂着用葛布做成的帐子。葛，多年生植物，其纤维可织布。

⑩ 未师受：没有老师教授。

⑪ 寮：同"僚"。　宷：同"采"，古时卿大夫的封邑。

⑫ 爨（cuàn）：灶，这里是烧火做饭。

⑬ 假借不久：不能长久借阅。

⑭ 阍寺：守门人。

⑮ 绐（dài）：欺骗。

⑯ 欧：通"殴"，打。

⑰ 支：通"肢"。

⑱ 藜羹缊褐：吃野菜，穿粗衣。

【译文】　老子、庄子的书，讲的是如何保持本真、修养品性，不肯让外物来烦扰自己。所以老子用柱下史的职务把自己的名字掩盖起来，最后隐遁流沙；庄子隐居漆园，最终拒绝了楚成王召他为相的邀请。他们都是无所拘束、自由自在的人啊！后来又有何晏、王弼，效法前贤，宣讲道教经义，其后有人一个接一个地夸夸其谈起来，如同影之随形、草之从风一般，他们都以神农、黄帝的教化来装扮自己，而将周公、孔子的思想置之度外。然而何晏因为与曹爽结党而被诛杀，陷入争权夺利的罗网；王弼因讥笑国人而遭人怨恨，掉进争强好胜的陷阱；山涛因积聚财物而遭人议论，违背了聚财越多、丧失越多的古训；夏侯玄因为才能声望而遭到杀害，没有汲取庄子寓言中"支离拥肿"所蕴含的教训；荀粲丧妻之后，因过度悲伤而死，这就不具有庄子丧妻之后鼓盆而歌的通达情怀了；王衍丧子之后，悲伤不已，这就不同于东门吴丧子之后的无忧达观了；嵇康因排斥俗流而招致杀身之祸，这能和老子的“和其光，同其尘”相提并论吗？郭象因声名显赫而拥有权势，这难道能与老子“后其身而身先，外其身而身存”的作风相比吗？阮籍纵酒迷乱，违背了庄子关于“畏途相诫”的譬喻；谢鲲因为家僮贪污而丢官，这就违背了“弃其余鱼”、节欲知足的宗旨。以上诸位，都是道家人心所归的领袖人物。至于那些身套名缰利锁，在污浊的尘世沉浮周旋的人们，我更难以细说了！这些人不过是截取老、庄书中的清谈雅论，剖析其中的玄妙精微之处，主宾之间相互问答，仅供赏心悦目罢了，并不是拯救社会、形成良好风气的紧要之事。到了梁朝，这种崇尚玄学的风气又流行起来了。当时，《庄子》《老子》和《周易》被总称为“三玄”。梁武帝和梁简文帝都亲自讲解评论。还有周弘正奉命传播玄学，其风气流传到大小城镇，各地学徒多达一千人，真是盛况空前。梁元帝在江州、荆州期间，也非常热爱熟悉玄学，他召来学生，亲自为他们讲授，废寝忘食，夜以继日，甚至在疲倦愁闷的时候，也靠讲授玄学来自我排遣。我当时多次列于末席，亲耳聆听元帝的讲授，只是我生性愚钝，又不感兴趣，所以没有收效。

北齐孝昭帝护理病中的娄太后，因为劳累而面色憔悴，饭量减少。徐之才为太后艾灸两个穴位，太后疼痛不可忍，孝昭帝就让母亲握自己的手以代痛，太后的指甲嵌入他的掌心，以至于血流满手。太后的病终于痊愈了，而孝昭帝却积劳成疾，不久就去世了。临终留下遗诏说：他遗憾的是不能为娄太后操办后事，以尽最后的孝心。他这个人天性是如此孝顺，而不懂忌讳又到了这个地步，这确实是不学习造成的。如果他看到过古人讽刺过那些盼望母亲早死，以便能痛哭尽孝的人的记载，就不会在遗诏中说出那样的话了。孝为百行之首，尚且需要通过学习去培养完善，何况其它的事呢！

梁元帝曾经对我说：“从前我在会稽郡的时候，刚刚十二岁，已经喜欢学习了。当时我患有疥疮，手不能握拳，膝不能弯曲。关闭了书房的门，支起葛布制的帐子，以避开苍蝇独坐，身边的小银盆装着山阴甜酒，不时喝上几口，以减轻疼痛。这时我随意读一些史书，一天读二十卷。因为没有老师讲授，就常有一个字不认识，或一句话不理解的情况。这就要靠严格要求自己，不感到厌倦。”元帝以皇子的尊贵身份，以孩童的贪图闲适，尚且能够用功学习，何况那些希望通过学习以求显达的平民士人呢？

古代勤学的，有用锥子自刺大腿以防瞌睡的苏秦；有投斧问卜、立志求学的文党；有借雪光夜里苦读的孙康；用袋子装萤火虫以照明读书的车胤；耕种时不忘带上经书的兒宽；放牧折蒲草截成小段，用来写字的路温舒，他们都算是能勤奋学习的人。梁代彭城人刘绮，是交州刺史刘勃的孙子，从小失去了父亲，家境贫寒，无钱购买灯烛，就买了荻草，把它的茎折成尺把长，点着照明夜读。梁元帝任会稽太守时，认真选拔官吏，刘绮凭自己的才华当上了常侍兼记室，很受尊敬，最后官至金紫光禄大夫。义阳的朱詹，世居江陵，后来到了建业。他十分好学，家中贫寒，有时连续几天都不能生火煮饭，经常吞食废纸充饥。天冷没有被子盖，就抱着狗睡觉。狗也十分饥饿，就跑到外面偷东西吃。尽管朱詹大声呼喊，狗也不再回来。朱詹唤狗的哀声惊动邻里，尽管如此，他还是没有荒废学业，最终成为学士，官至镇南录事参军，受到元帝的器重。朱詹的所为，是一般人做不到的，这也是一个勤学的典型。东莞人臧逢世，二十多岁时，想读班固的《汉书》，但苦于向人借的书不能长久阅读，就向姐夫刘缓要来名帖、书札的边幅纸头，亲手抄得一本。军府里的人佩服他有志气，后来他终于以精通《汉书》著称。

北齐有个太监叫田鹏鸾，是少数民族人。十四五岁时，刚进宫做了守门人，就知道勤奋苦读，身上带着书，早晚诵读。虽然他的地位低下，工作也很辛苦，但是一有空余时间，他就四处向人请教。每次到文林馆，气喘汗流，除了询问书中的问题，顾不上讲其他的话。每当从书中看到古人讲气节、重义气的话他就十分激动，连连赞叹，情绪久久不能平静。我很喜欢他，对他加倍开导鼓励。后来他受到皇帝的赏识，赐名为敬宣，职位也升到了侍中开府。齐后主逃奔青州时，派他去西边观察动向，被周军俘虏。周军问他后主在哪里，田鹏鸾就欺骗他们说："已经走了，估计应该出境了。"周军不相信他，就殴打他，企图让他屈服。他的四肢每被打断一条，他的声音和神色越是严厉，最后终于被打断四肢而死。一位少数民族的少年，能够通过学习变得忠心耿耿，北齐的将相们，连敬宣这样的奴仆都不如。

邺城被平定之后，我们被流放在关内。思鲁曾经对我说："朝廷里没有俸禄，家里面没有积财，我应该尽力干活挣钱，以尽供养之责。现在，我却常常被督促功课，致力于经史之学，您难道不知道，我这做儿子的能安心吗?”我教导他说:“当儿子的自然应当把供养之责放在心上,当父亲的却应该把子女的教育视为头等大事。如果让你弃学去赚钱,使我丰衣足食,我吃起饭来哪能感到香甜,我穿起衣来哪能感到暖和?如果你能致力于先王之道,继承家世的基业,我即使吃粗茶淡饭,穿粗布衣衫,也心甘情愿。”

《书》曰:“好问则裕。”《礼》云:“独学而无友,则孤陋而寡闻。”盖须切磋相起明也。见有闭门读书,师心自是[1],稠人广坐,谬误差失者多矣。《穀梁传》称公子友与莒挐相搏,左右呼曰“孟劳”。“孟劳”者,鲁之宝刀名,亦见《广雅》。近在齐时,有姜仲岳谓:“‘孟劳’者,公子左右,姓孟名劳,多力之人,为国所宝。”与吾苦诤。时清河郡守邢峙,当世硕儒,助吾证之,赧然而伏。又《三辅决录》云:“灵帝殿柱题曰:‘堂堂乎张,京兆田郎。’”盖引《论语》,偶以四言,目京兆人田凤也。有一才士,乃言:“时张京兆及田郎二人皆堂堂耳。”闻吾此说,初大惊骇,其后寻愧悔焉。江南有一权贵,读误本《蜀都赋》注,解“蹲鸱,芋也”,乃为“羊”字;人馈羊肉,答书云:“损惠[2]蹲鸱。”举朝惊骇,不解事义,久后寻迹,方知如此。元氏之世[3],在洛京时,有一才学重臣,新得《史记音》,而颇纰缪,误反“颛顼”字,顼当为许录反,错作许缘反,遂谓朝士言:“从来谬音‘专旭’,当音‘专翾’耳。”此人先有高名,翕然信行;期年之后,更有硕儒,苦相究讨,方知误焉。《汉书·王莽赞》云:“紫色蛙声,余分闰位。”谓以伪乱真耳。昔吾尝共人谈书,言及王莽形状,有一俊士,自许史学,名价甚高[4],乃云:“王莽非直[5]鸱目虎吻,亦紫色蛙声。”又《礼乐志》

云：“给太官挏马酒。”李奇注：“以马乳为酒也，揰挏乃成。”二字并从手。揰挏，此谓撞捣挺挏之，今为酪酒亦然。向学士又以为种桐时，太官酿马酒乃熟。其孤陋遂至于此。太山羊肃，亦称学问，读潘岳赋“周文弱枝之枣”，为杖策之杖；《世本》“容成造历”，以历为碓磨之磨[⑥]。

谈说制文，援引古昔，必须眼学，勿信耳受。江南闾里间，士大夫或不学问，羞为鄙朴，道听途说，强事饰辞：呼征质为周郑，谓霍乱为博陆，上荆州必称陕西，下扬都言去海郡，言食则糊口，道钱则孔方[⑦]，问移则楚丘，论婚则宴尔，及王则无不仲宣，语刘则无不公干。凡有一二百件，传相祖述[⑧]，寻问莫知原由，施行时复失所。庄生有乘时鹊起之说，故谢朓诗曰：“鹊起登吴台。”吾有一表亲，作《七夕》诗云：“今夜吴台鹊，亦共往填河。”《罗浮山记》云：“望平地树如荠。”故戴暠诗云：“长安树如荠。”又邺下有一人《咏树》诗云：“遥望长安荠。”又尝见谓矜诞为夸毗，呼高年为富有春秋，皆耳学之过也。

夫文字者，坟籍根本。世之学徒，多不晓字：读《五经》者，是徐邈而非许慎；习赋诵者，信褚诠而忽吕忱；明《史记》者，专徐、邹而废篆籀；学《汉书》者，悦应、苏而略《苍》《雅》。不知书音是其枝叶，小学乃其宗系[⑨]。至见服虔、张揖音义则贵之，得《通俗》《广雅》而不屑。一手之中[⑩]，向背如此，况异代各人乎[⑪]？

【注释】 ① 师心自是：固执己见，自以为是。

② 损惠：感谢他人赠送礼物的敬词。本意是对方贬抑身份而施意于己。

③ 元氏之世：指北魏。

④ 名价：声誉，声价。

⑤ 非直：不但。

⑥ 碓（duì）：古时用木、石制成的捣米工具。

⑦ 孔方：即“孔方兄”，钱的谑称。古时铜钱中有一方孔，故名。

⑧ 祖述：效仿前人的言行。

⑨ 小学：汉代称文字学为小学。隋唐之后，凡文字、训诂、音韵等总称为小学。 宗系：根本。

⑩ 一手之中：同出一人之手。

⑪ 异代各人：不同时代，不同的人。

【译文】 《尚书》上说：“喜欢提问的人才能获得更充足的知识。”《礼经》上说：“独自学习而不与朋友共同商讨，就会孤陋寡闻。”看来，学习需要共同的切磋，互相启发，这是很明白的了。我曾经见过很多闭门读书，自以为是，在大庭广众之中口出谬言的人。《穀梁传》讲述公子友与莒挐两人相搏斗，公子友左右的人高呼“孟劳”。孟劳是鲁国宝刀的名称，这个解释在《广雅》中也是有的。近来在齐国，有个叫姜仲岳的人说：“孟劳是公子友身边的人，姓孟名劳，是个大力士，鲁国人都很敬重他。”他和我苦苦争辩，当时清河郡守邢峙也在场，他是当今的大学者，帮我证实了“孟劳”的真实涵义，姜仲岳才红着脸认输了。此外，《三辅决录》上说：“汉灵帝在宫殿柱子上题字：‘堂堂乎张，京兆田郎。’”这是引用《论语》中的话，以四言句式，品评京兆人田凤的。有一个才士，作了这样的解释：“当时的张京兆和田郎二人都是相貌堂堂的。”他听了我的解释后，开始非常惊骇，后来马上又感到惭愧懊悔。江南有一位权贵，读了误本《蜀都赋》的注解，“蹲鸱，芋也”，“芋”字错作“羊”字。有人馈赠他羊肉，他竟回信说：“谢谢您惠赐的蹲鸱。”满朝官员对此都非常吃惊，不了解他用的是什么典故。经长时间才找到出处，才知道是怎么回事。魏元氏在位时，有一位博学而身居要职的大臣，他新近得到一本《史记音》，而其中有许多谬误。用反切法给“颛顼”一词注音，发生错误。顼字应当注音为许录反，却错注为许缘反，这位大臣就对朝中官员们说：“过去我一直把‘颛顼’读作‘专旭’，应该读作‘专翾’。”这位大臣早有大名，他的意见大家当然一致赞同并照办。直到一年后，又有一位大学者，苦苦钻研此词的发音，才知道那位大臣的谬误所在。《汉书·王莽赞》说：“紫色蛙声，余分闰位。”是说王莽如同不正的紫色和不正的淫声，取得非正统的帝位，以假乱真。从前我曾经和别人谈论书籍，提到王莽的长相，其中一位知名学士，自夸通晓史学，名气很大，却说：“王莽不但长得鹰目虎嘴，而且有着紫色的皮肤、青蛙的嗓音。”又《礼乐志》中载：“给太官挏马酒。”李奇对此的解释是：“用马奶作酒，通过搅拌做成。”且“挏挏”两字都是手字旁。所谓“挏挏”，就是把马奶上下捣来捣去，现在做奶酒也是用这种方法。刚才提到的那个学士又认为李奇注解的意思是：要等种桐树的时候，太官酿造的马酒才熟。他的学识竟浅陋到了这个地步。泰山的羊肃，也称得上是有学问的人，读到潘岳诗赋中“周文弱枝之枣”之句，竟把“枝”字读成“杖策”的“杖”字；而读《世本》中“容成造历”一句，把“历”字认作“碓磨”的“磨”字。

谈话作文，援引古代的事物，必须是自己用眼睛学到的，而不能相信耳朵听来的。江南乡间，一些士大夫不肯读书学习，又怕别人把他看作是庸俗浅薄的人，就把一些道听途说的东西拿来装点门面，以示高雅博学。比如：把“征质”说成“周郑”；把“霍乱”叫做“博陆”；“上荆州”一定要说成“去陕西”；“下扬都”非要说成“去海郡”；提起吃饭就说“糊口”；谈起钱就说“孔方”；问所迁之处就讲成“楚丘”；谈论婚嫁就说成“宴尔”；提到王姓都称“仲宣（王粲的字）”，提到刘姓都称“公干（刘桢的字）”。这样的例子大约有一二百个，士大夫前后相承，一个跟一个学。如果问起这些“典故”的缘起，没有一人能说清楚，用到言谈和文章中，常常是不伦不类的。庄子有“乘时鹊起”的说法，所以谢朓的诗中说：“鹊起登吴台。”我的一位表亲作《七夕》诗说：“今夜吴台鹊，亦共往填河。”《罗浮山记》中说：“望平地树如荠。”所以戴暠的诗就说：“长安树如荠。”而邺下有一个人在《咏树》诗中说：“遥想长安荠。”我还曾经见过有人把“矜诞”解释为“夸毗”，称高年为“富有春秋”，这些都是耳学造成的错误。

文字，是书籍的根本。世上求学之人，很多没有把字义弄通：通读《五经》的人，肯定徐邈而否定许慎；学习作赋诵诗的人，信奉褚诠而忽略吕忱；通晓《史记》的人，只对徐野民、邹诞生的《史记音义》之类的书感兴趣，而废弃了对篆文字义的研究；学习《汉书》的人，喜欢读应劭、苏林的注解而忽略了学习《三苍》《尔雅》。他们不明白语音只是文字的枝叶，而字义才是文字的根本。以至于十分重视服虔、张揖有关音义的书籍，而对这两人所写的《通俗文》《广雅》却不屑一顾。对于同出一人之手的著作，居然厚此薄彼，何况对于不同时代不同人的著作呢？

夫学者贵能博闻也。郡国山川，官位姓族，衣服饮食，器皿制度①，皆欲根寻，得其原本；至于文字，忽不经怀②，己身姓名，或多乖舛，纵得不误，亦未知所由。近世有人为子制名：兄弟皆山傍立字，而有名峙者；兄弟皆手傍立字，而有名机者；兄弟皆水傍立字，而有名凝者。名儒硕学，此例甚多。若有知吾钟之不调③，一何可笑。

吾尝从齐主幸并州④，自井陉关入上艾县⑤，东数十里，有猎闾村。后百官受马粮在晋阳东百余里亢仇城侧。并不识二所本是何地，博求古今，皆未能晓；及检《字林》《韵集》，乃知猎闾是旧䝼余聚，亢仇旧是䅣䣜亭，悉属上艾。时太原王劭欲撰乡邑记注，因此二名闻之，大喜。

吾初读《庄子》“螝二首”⑥，《韩非子》曰：“虫有螝者，一身两口，争食相龁⑦，遂相杀也。”茫然不识此字何音，逢人辄问，了无解者。案：《尔雅》诸书，蚕蛹名螝，又非二首两口贪害之物。后见《古今字诂》，此亦古之虺字⑧，积年凝滞，豁然雾解。

尝游赵州，见柏人城北有一小水，土人亦不知名。后读城西门徐整碑云：“洦流东指。”众皆不识。吾案

《说文》，此字古魄字也，洦，浅水貌。此水汉来本无名矣，直以浅貌目之，或当即以洦为名乎？

世中书翰，多称“勿勿”，相承如此，不知所由，或有妄言，此“忽忽”之残缺耳。案《说文》：“勿者，州里所建之旗也，象其柄及三斿之形，所以趣民事。故息遽者称为勿勿。”

吾在益州，与数人同坐，初晴日晃，见地上小光，问左右：“此是何物？”有一蜀竖就视，答云：“是豆逼耳。”相顾愕然，不知所谓。命取将来，乃小豆也。穷访蜀士，呼粒为逼，时莫之解。吾云：“《三苍》《说文》，此字白下为匕，皆训粒，《通俗文》音方力反。”众皆欢悟。

愍楚友婿窦如同从河州来[9]，得一青鸟，驯养爱玩，举俗呼之为鶡。吾曰：“鶡出上党，数曾见之，色并黄黑，无驳杂也。故陈思王《鶡赋》云：‘扬玄黄之劲羽。’”试检《说文》：“䲸雀似鶡而青，出羌中。”《韵集》音介。此疑顿释。

梁世有蔡朗讳纯，既不涉学，遂呼莼为露葵[10]。面墙之徒[11]，递相仿效。承圣中，遣一士大夫聘齐，齐主客郎李恕问梁使曰：“江南有露葵否？”答曰：“露葵是莼，水乡所出。卿今食者绿葵菜耳。”李亦学问，但不测彼之深浅，乍闻无以核究。

思鲁等姨夫彭城刘灵，尝与吾坐，诸子侍焉。吾问儒行、敏行曰：“凡字与咨议名同音者，其数多少，能尽识乎？”答曰：“未之究也，请导示之。”吾曰：“凡如此例，不预研检，忽见不识，误以问人，反为无赖所欺，不容易也[12]。”因为说之，得五十许字。诸刘叹曰：

“不意乃尔！”若遂不知，亦为异事。

校定书籍，亦何容易，自扬雄、刘向，方称此职耳。观天下书未遍，不得妄下雌黄[13]。或彼以为非，此以为是；或本同末异；或两文皆欠，不可偏信一隅也。

【注释】 ① 制度：法令礼仪之总称。

② 忽不经怀：轻视而不予留心。

③ 吾钟：沈揆谓疑当作“晋钟”。用晋师旷“钟音不调”之典，讽刺“名儒硕学”的常识性错误。

④ 齐主：北齐文宣帝高洋。

⑤ 井陉（xíng）：井陉山，太行八陉之一。

⑥ 蜮（huǐ）：同“虺”，传说中一身而二口的毒蛇。

⑦ 龁（hé）：咬。

⑧ 虺（huǐ）：毒蛇。

⑨ 友婿：即连襟。

⑩ 莼（chún）：莼菜，又名水葵，水生，春夏之季其嫩叶可食。露葵：又名冬葵，秋天种植，也可食用。

⑪ 面墙之徒：指不学无术之人。面墙，面朝墙而一无所见。

⑫ 不容易也：不能满不在乎啊。

⑬ 雌黄：一种矿物质，橙黄色，可作颜料。古时人们在黄纸上书写，笔误之后，用雌黄涂改。后引申为改易文字。

【译文】 求学的人以博闻为贵。对于郡国山川、官位姓族、衣服饮食和器皿制度，他们都想追根究底，找出来龙去脉。但对于文字，却不放在心上，连自家的姓名，也出现种种谬误。即使没有谬误，也不知道它们由何而来。近来有人给孩子取名，兄弟几个的名字都用“山”字作偏旁的，其中竟有叫“峙”字的；用“手”字作偏旁的，其中竟有叫“机”的；用“水”字作偏旁的，其中竟有叫“凝”的。在那些知名的大学者中，这些例子也很多。如果他们能明白，这样的取名，就像晋平公的乐工听不出钟声的不协调一样，他们就会感到这是多么可笑。

我曾跟随文宣帝到并州去，从井陉关进入上艾县，从那里往东几十里有个猎闾村。后来，百官又在晋阳东边一百多里的亢仇城旁接受军粮。大家都不明白上述二村原是什么地方。广泛查寻古今书籍，都没有弄明白。直到我查阅了《字林》《韵集》这两本书，才知道猎闾就是从前的䜌余聚，亢仇就是䅉䛘亭，两地都属于上艾县。当时太原的王劭想撰写乡邑记注，我把这两个地方的旧名说给他听，他非常高兴。

我开始读《庄子》中的"螝二首"这一句时，发现《韩非子》中说："动物中有叫'螝'的，一个身体两张嘴，为了争夺食物相互撕咬，最后自相残杀而死。"我茫然不知"螝"这个字怎样发音，见人就问，却没人知道。经考察，《尔雅》等书上说：蚕蛹被称为"螝"，但它又不是两头两口那种贪婪而有害的动物。后来见了《古今字诂》，才知道"螝"就是古代的"虺"字，多年压积在心中的困惑，一下子像大雾一样散开了。

我曾经到赵州做官，看见柏人城北有条小河，当地人也不知道它的名字。后来读过城西门徐整写的碑文，上面说："洦流东指。"大家都不懂它的意思。我查阅了《说文》，这个"洦"字就是古代的"魄"字。洦，浅水貌。这条小河从汉代以来就没有名字，只是把它作为一条浅浅的小河看待，也许可以用这个"洦"字给它取个名吧？

世上的书信，里面多有"勿勿"一词，历代这样相承，不知它的根由。有人乱下结论说这是"忽忽"的残缺。按《说文》上的解释："勿，是乡间所树的旗子，它像旗杆和旗帜末端的三条飘带的形状，是用来催促民事的。所以把匆忙急迫之类的词语称为'勿勿'。"

我在益州时，与几个人在一起闲坐，天刚放晴，阳光很耀眼，我见地上有许多小亮点，就问身边的人："这是什么东西？"有一个蜀地的童仆靠近看了看，回答说："是豆逼。"大家听了很惊讶地互相看了看，不知他说的是什么。我叫拿过来，原来是小豆。我曾经请教过许多蜀地人士，他们都把"粒"叫做"逼"，当时没有人解释清楚为什么。我说："《三苍》和《说文》中的这个字的写法，就是'白'下加'匕'，都解释为粒，《通俗文》注音作方力反。"大家都高兴地领悟了。

愍楚的连襟窦如同从河州来，在那边他得到一只青色的鸟，把它驯养起来，当作宠物来玩赏，周围的人都把它叫做鶡。我说："鶡出在上党，我曾经多次见过，它的羽毛都是黄黑色的，没有杂色。因此曹植的《鹖赋》中说：‘举起它黄黑色有力的翅膀。’”我试着翻阅《说文》，查到这样的句子：“鳻雀像鹖而毛是青的，出产在羌中。”《韵集》的注音为“介”。这个疑问顿时就解开了。

梁朝有位叫蔡朗的人，他避讳“纯”字。他一向不事学习，就把“莼菜”叫做“露葵”。那些不学无术的人，就一个一个地跟着效仿。承圣年间，朝廷派一位士大夫出使齐国，齐国的主客郎李恕在席间问这位梁朝使者：“江南有露葵吗？”使者回答说：“露葵就是莼菜，是产于水乡的。您现在吃的是绿葵菜。”李恕也是有学问的人，只是不了解对方学问的深浅，刚一听这句就没去核实追究。

思鲁他们的姨夫彭城的刘灵，曾经与我闲坐，他的儿子在一旁陪坐。我问儒行、敏行：“凡是与你们父亲的名字同音的字有多少，你们都能认识吗？”他们说：“没有研究过这个问题，请您指教一下。”我说：“凡是像这一类字，若是不预先研究查检，忽然见到时又不认识，拿出去问错了人，反而会遭到无赖的欺侮，不能不在乎啊。”于是我就给他们解说这个问题，一口气说了五十多个字。这几个孩子感叹道：“想不到这么多啊！”他们向来一点都不了解，真是怪事啊！

校勘订正书籍，也是很不容易的，从扬雄、刘向开始，才算是胜任这个工作了。天下的书籍不曾读遍，就不能任意改动书中的文字。有时，那个本子以为是错误的，这个本子又以为是正确的；有时基本观点相同，具体细节有异；有时两个本子的文字都不妥当。所以不能偏信一个方面。

文章第九

【题解】 本篇题目为“文章”，但首先议论的是关于文章的作者。认为作者首先应具备德行，才能写出优美的文章。他历数历代著名文人的毛病，告诫子孙应谨防文章所带来的灾祸。作者提出文章应以思想性为根本，辅以辞采，主张文章当从“三易”（易见事、易识字、易诵读），反对“穿凿补缀”，反对“浮艳”的文风。

夫文章者，原出《五经》：诏命策檄，生于《书》者也；序述论议，生于《易》者也；歌咏赋颂，生于《诗》者也；祭祀哀诔，生于《礼》者也；书奏箴铭，生于《春秋》者也。朝廷宪章，军旅誓诰，敷显仁义，发明功德，牧民建国，不可暂无。至于陶冶性灵，从容讽谏，入其滋味，亦乐事也。行有余力，则可习之。然而自古文人，多陷轻薄：屈原露才扬己，显暴君过；宋玉体貌容冶，见遇俳优；东方曼倩，滑稽不雅；司马长卿，窃赀无操[①]；王褒过章《僮约》[②]；扬雄德败《美新》；李陵降辱夷虏；刘歆反覆莽世；傅毅党附权门；班固盗窃父史；赵元叔抗竦过度；冯敬通浮华摈压；马季长佞媚获诮；蔡伯喈同恶受诛；吴质诋忤乡里；曹植悖慢犯法；杜笃乞假无厌；路粹隘狭已甚；陈琳实号粗疏；繁钦性无检格；刘桢屈强输作；王粲率躁见嫌；孔融、祢衡，诞傲致殒；杨修、丁廙，扇动取毙；阮籍无礼败俗；嵇康凌物凶终；傅玄忿斗免官；孙楚矜夸凌上；陆机犯顺履险；潘岳干没取危；颜延年负气摧黜；谢灵运空疏乱纪；王元长凶贼自贻；谢玄晖侮慢见及。凡此诸人，皆其翘秀者[3]，不能悉记，大较如此[4]。至于帝王，亦或未免。自昔天子而有才华者，唯汉武、魏太祖、文帝、明帝、宋孝武帝，皆负世议，非懿德之君也。自子游、子夏、荀况、孟轲、枚乘、贾谊、苏武、张衡、左思之俦，有盛名而免过患者，时复闻之，但其损败居多耳。每尝思之，原其所积[5]，文章之体，标举兴会，发引性灵，使人矜伐[6]，故忽于持操，果于进取。今世文士，此患弥切，一事惬当[7]，一句清巧，神厉九霄，志凌千载，自吟自赏，不觉更有傍人。加以砂砾所伤[8]，惨于矛戟，讽刺之祸，速乎风尘，深宜防虑，以保元吉。

学问有利钝，文章有巧拙。钝学累功，不妨精熟；拙文研思，终归蚩鄙[9]。但成学士，自足为人；必乏天才，勿强操笔也。吾见世人，至无才思，自谓清华，流布丑拙，亦以众矣，江南号为詅痴符[10]。近在并州，有一士族，好为可笑诗赋，誂擎邢、魏诸公[11]，众共嘲弄，虚相赞说，便击牛釃酒，招延声誉。其妻，明鉴妇人也，泣而谏之。此人叹曰："才华不为妻子所容，何况行路！"至死不觉。自见之谓明，此诚难也。

学为文章，先谋亲友，得其评裁，知可施行[12]，然后出手；慎勿师心自任，取笑旁人也。自古执笔为文者，何可胜言。然至于宏丽精华，不过数十篇耳。但使不失体裁，辞意可观，便称才士；要须动俗盖世[13]，亦俟河之清乎！

不屈二姓[14]，夷、齐之节也；何事非君，伊、箕之义也。自春秋已来，家有奔亡，国有吞灭，君臣固无常分矣；然而君子之交绝无恶声，一旦屈膝而事人，岂以存亡而改虑？陈孔璋居袁裁书，则呼操为豺狼；在魏制檄，则目绍为蛇虺⑮。在时君所命，不得自专，然亦文人巨患也，当务从容消息之⑯。

【注释】 ① 赀：通“资”，财货。

② 过：过失。 章：同“彰”，显示。

③ 翘秀：才能出众。

④ 大较：大略。

⑤ 原其所积：探讨积弊之所以产生的原因。

⑥ 矜伐：夸耀。

⑦ 惬当：惬意而妥当。

⑧ 砂砾：沙子和碎石块，比喻言辞。

⑨ 蚩鄙：卑鄙。

⑩ 詅（lín）痴符：江南方言，指无才学而好卖弄的人。

⑪ 誂（tiǎo）撆：用言辞戏弄人。

⑫ 施行：流传。

⑬ 动俗盖世：惊天动地，气盖一世。

⑭ 二姓：改朝换代之称，不同姓氏的两个王朝。

⑮ 蛇虺（huǐ）：都为蛇类，喻指凶恶的人。

⑯ 消息：斟酌，思考。

【译文】 文章都来源于《五经》：诏、命、策、檄，从《书经》中派生；序、述、论、议，从《易经》中派生；歌、咏、赋、颂，从《诗经》中派生；祭、祀、哀、诔，从《礼经》中派生；书、奏、箴、铭，从《春秋》中派生。朝廷中的典章，军队中的誓、诰，宣扬仁义，表彰功德，治民建国，这文章的用途是多种多样的，不可片刻没有。至于陶冶性情、婉言劝谏，体味一种特别的审美享受，也是一件快乐的事。在奉行忠孝仁义尚有余力的情况下，也可以学学这类文章。但是自古以来，文人多失之于轻薄：屈原夸耀才华，自我宣扬，公开暴露君主的过错；宋玉长相俊美，被当作优伶看待；东方朔言行滑稽，缺乏雅致；司马相如诱骗卓王孙的财物，没有节操；王褒私入寡妇之门，在《僮约》一文中自我暴露；扬雄作《剧秦美新》歌颂王莽，损害了自己的品德；李陵向外族投降；刘歆在王莽新政时期反复无常；傅毅依附权贵；班固剽窃他父亲的《史记后传》；赵壹性情过分倨傲；冯衍因浮华而屡遭压抑；马融谄媚权贵而被讥讽；蔡邕依附恶人（董卓）遭惩罚；吴质在乡里仗势横行；曹植傲慢不驯，触犯刑法；杜笃向人索取，不知满足；路粹心胸过分狭窄；陈琳确实粗枝大叶；繁钦不知检点约束；刘桢因性情倔强被罚做苦工；王粲因轻率急躁而被人嫌弃；孔融、祢衡放诞倨傲，招致杀身之祸；杨修、丁廙，因煽动立曹植为太子而自取灭亡；阮籍无视礼教，伤风败俗；嵇康盛气凌人，未得善终；傅玄愤而争斗，被免去官职；孙楚恃才自负，冒犯上司；陆机作乱犯上，走上绝路；潘岳唯利是图，以致遭遇危险；颜延年意气用事，遭到罢免；谢灵运空放粗疏，扰乱朝纪；王融凶恶残忍，自取毁灭；谢朓为人轻佻傲慢，遭到陷害。以上这些人，都是文人中的佼佼者，不能全都记载下来，大致是这样吧。至于帝王，有的也难以幸免。古来身为天子又有才华的，只有汉武帝、魏太祖、魏文帝、魏明帝、宋孝武帝等数人，他们都遭到世人的议论，并非具备美德的君主。子游、子夏、荀况、孟轲、枚乘、贾谊、苏武、张衡、左思这些人，既有盛名而又没有过失，偶尔也会听到，但是有才华而又遭到祸患的人还占多数。我常常思考这个问题，推究其原委，文章的本质就是表明兴致，抒发感情的，也难免会使人恃才自夸，从而忽视操守，急于追逐名利。现在的文人，这个毛病更加深切，只要有一个典故用得恰当，一句诗文写得新巧，他们就会神采飞扬直达九霄，心潮澎湃雄视千古，孤芳自赏，目中无人。再加上言辞造成的伤害，比矛戟伤人更加残酷；讽刺招来的灾祸，比狂风闪电还要迅速，所以应该特别加强防范，以保大福。

做学问有敏捷和迟钝之别，写文章有精巧和拙劣之分。学问迟钝不懈努力，可以做到精通熟练；文章拙劣的人即使研究思考，也难免流于粗疏。只要能成为有学之士，也就不枉为人了；真正缺乏写作才华，就不要勉强提笔了。我看当世的某些人，根本没有才思，却自称文章清丽华美，把自己的拙劣文字四处散布，这种人太多了，江南一带称之为“詅痴符”。最近在并州，见到一位士族，他喜欢写一些可笑的诗赋，与邢邵、魏收等人开玩笑，人们都嘲弄他，假意称赞他的诗赋，他还信以为真，竟杀牛摆酒，大宴宾客，来扩大自己的声誉。他的妻子是个明白事理的人，哭着劝阻他。他叹息着说：“我的才华连妻子也不承认，更何况其他人呢？”至死也没有觉悟。自己能够了解自己，才称得上聪明，这确实是不容易做到的。

学习写文章，应该先找亲友征求意见，经过他们的品评裁定，知道可以拿出手了，然后才能出手；千万不要自我感觉良好，以免被别人耻笑。自古以来执笔写文章的人不计其数，但能够达到宏丽精美境界的，不过几十篇而已。只要写出的文章不脱离它应有的格式，表达得较为贴切，就可称为才士了；一定要使自己的文章达到惊动众人、压倒当世，怕是只有等到黄河水澄清之时才有可能吧！

不屈身辅佐两个王朝，是伯夷、叔齐的气节；对任何君主都可侍奉，是伊尹、箕子的主张。自春秋以来，士大夫家族奔窜流亡，邦国被吞并灭亡，国君与臣子本来就没有一成不变的关系。然而君子之间一旦交情断绝，彼此也不辱骂攻击；人一旦屈膝侍奉于人，怎么会因为存亡而改变初衷呢？陈琳在袁绍手下撰文，就把曹操称为“豺狼”，在魏国草檄，又把袁绍看作“蛇蝎”。因为这是受命于当时的君主，自己无权做主，但这也算是文人的大毛病了，应该认真地思考一下。

或问扬雄曰：“吾子少而好赋[①]？”雄曰：“然。童子雕虫篆刻，壮夫不为也。”余窃非之，曰：虞舜歌《南风》之诗，周公作《鸱鸮》之咏，吉甫、史克《雅》《颂》之美者，未闻皆在幼年累德也[②]。孔子曰：“不学《诗》，无以言。”“自卫返鲁，乐正，《雅》《颂》各得其所。”大明孝道，引《诗》证之。扬雄安敢忽之也？若论“诗人之赋丽以则，辞人之赋丽以淫”，但知变之而已，又未知雄自为壮夫何如也。著《剧秦美新》，妄投于阁，周章怖慑[③]，不达天命[④]，童子之为耳。桓谭

以胜老子，葛洪以方仲尼，使人叹息。此人直以晓算术，解阴阳，故著《太玄经》，数子为所惑耳；其遗言余行，孙卿、屈原之不及，安敢望大圣之清尘？且《太玄》今竟何用乎？不啻覆酱瓿而已[5]。

齐世有席毗者，清干之士[6]，官至行台尚书，嗤鄙文学，嘲刘逖云："君辈辞藻，譬若朝菌[7]，须臾之玩，非宏才也；岂比吾徒千丈松树，常有风霜，不可凋悴矣！"刘应之曰："既有寒木，又发春华，何如也？"席笑曰："可哉！"

凡为文章，犹人乘骐骥，虽有逸气，当以衔勒制之，勿使流乱轨躅[8]，放意填坑岸也[9]。

文章当以理致为心肾，气调为筋骨，事义为皮肤，华丽为冠冕。今世相承，趋末弃本，率多浮艳。辞与理竞，辞胜而理伏；事与才争，事繁而才损。放逸者流宕而忘归，穿凿者补缀而不足。时俗如此，安能独违？但务去泰去甚耳。必有盛才重誉，改革体裁者，实吾所希。

古人之文，宏材逸气，体度风格[10]，去今实远，但缉缀疏朴[11]，未为密致耳。今世音律谐靡，章句偶对，讳避精详，贤于往昔多矣。宜以古之制裁为本，今之辞调为末，并须两存，不可偏弃也。

吾家世文章，甚为典正，不从流俗。梁孝元在蕃邸时，撰《西府新文》，讫无一篇见录者，亦以不偶于世，无郑、卫之音故也。有诗、赋、铭、诔、书、表、启、疏二十卷。吾兄弟始在草土[12]，并未得编次，便遭火荡尽，竟不传于世。衔酷茹恨[13]，彻于心髓！操行见于《梁史·文士传》及孝元《怀旧志》。

沈隐侯曰："文章当从三易：易见事，一也；易识字，二也；易读诵，三也。"邢子才常曰："沈侯文章，用事不使人觉，若胸臆语也。"深以此服之。祖孝徵亦尝谓吾曰："沈诗云：'崖倾护石髓。'此岂似用事邪？"

邢子才、魏收俱有重名，时俗准的[14]，以为师匠。邢赏服沈约而轻任昉，魏爱慕任昉而毁沈约，每于谈燕，辞色以之。邺下纷纭，各有朋党。祖孝徵尝谓吾曰："任、沈之是非，乃邢、魏之优劣也。"

《吴均集》有《破镜赋》。昔者，邑号朝歌，颜渊不舍；里名胜母，曾子敛襟：盖忌夫恶名之伤实也。破镜乃凶逆之兽，事见《汉书》，为文幸避此名也。比世往往见有和人诗者，题云敬同，《孝经》云："资于事父以事君而敬同。"不可轻言也。梁世费旭诗云："不知是耶非。"殷沄诗云："飖飏云母舟。"简文曰："旭既不识其父，沄又飖飏其母。"此虽悉古事，不可用也。世人或有文章引《诗》"伐鼓渊渊"者，《宋书》已有屡游之诮；如此流比[15]，幸须避之。北面事亲，别舅摛《渭阳》之咏[16]；堂上养老，送兄赋桓山之悲，皆大失也。举此一隅，触涂宜慎[17]。

江南文制，欲人弹射[18]，知有病累，随即改之，陈王得之于丁廙也。山东风俗，不通击难，吾初入邺，遂尝以此忤人，至今为悔。汝曹必无轻议也。

【注释】　① 吾子：您，对人尊称。

② 累德：损坏德行。

③ 周章：慌慌张张。

④ 达：通晓。

⑤ 覆：盖。　瓿（bù）：古代一种盛酒、酱等的小瓮。

⑥ 清干：精明练达。

⑦ 朝菌：生于阴暗处的一种菌类植物，朝生而暮死，极其短暂。

⑧ 流乱轨躅（zhuó）：足迹错乱。躅，足迹。

⑨ 放意：恣意妄为。

⑩ 体度：体制和风格。

⑪ 缉缀：写文章时组词造句。

⑫ 草土：居丧。

⑬ 衔酷茹恨：心中满怀痛恨。

⑭ 准的：标准。

⑮ 流比：之流，之类。

⑯ 摛（chī）：本意是舒展，这里是吟诵之意。

⑰ 触涂：处处。

⑱ 弹射：批评。

【译文】 有人问扬雄："您年轻的时候喜欢写作辞赋吗？"扬雄回答说："是的，辞赋好像小孩子们练习的虫书、刻符一样，成年人是不该干这种事的。"我私下反驳他：虞舜吟唱过《南风》诗；周公写过《鸱鸮》诗；尹吉甫、史克写过《雅》《颂》中那些美好的篇章，却没有听说他们在幼年时期因此损伤过品行啊。孔子说："不学《诗》，就不善于辞令。"又说："我从卫国返回鲁国后，才把《诗》的乐曲进行了整理订正，使《雅》乐和《颂》乐各得其所。"孔子赞美彰明孝道，就引用《诗》中的句子加以验证。扬雄怎么可以忽视这些事实呢？如果说到他的《法言》中"诗人的赋华丽而规范，辞人的赋华丽而放纵"这句话，只不过说明他明白二者的区别而已，却不明白他作为成年人该如何去选择。扬雄写了《剧秦美新》一文歌颂王莽的新朝，却糊涂地从天禄阁上往下跳，惊慌失措，不能通达天命，这才是孩子的行为啊。桓谭认为他超过了老子，葛洪把他与孔子相提并论，实在让人叹息。扬雄只不过通晓算术，了解阴阳之学，所以写了《太玄经》，那几个人就被他迷惑了。他的遗言余行，连荀况、屈原都赶不上，哪里能比得上老子、孔子这些大圣们的余尘呢？况且，《太玄经》到今天究竟有什么用途？

无异于盖酱瓿的盖子罢了。

齐朝有位叫席毗的人，精明能干，官至行台尚书。他讥笑鄙视文学之士，曾嘲讽刘逖："你们这些人的辞藻，好比那朝菌，只供片刻观赏，成不了栋梁之才，哪里能比得上我们这种千丈松树式的人才呢，尽管经常有风霜的侵袭，也不会凋零枯萎的！"刘逖回答说："既是耐寒的树木，又能开放春花，怎么样呢？"席毗笑着说："那当然好啦！"

凡是写文章，好比骑千里马，马虽有俊逸之气，还得用衔勒控制它，不要让它错乱轨迹，肆意奔跑到沟壑之中。

文章应该以义理情致为心肾，以气韵才调为筋骨，以用典合宜为皮肤，以华丽辞藻为冠冕。现在的人继承前人的写作传统，都是舍本逐末，所写的文章大都浮华艳丽。文辞与义理相比较，则文辞优美而义理薄弱；内容与才华相衡量，则内容繁杂而才华不足。那放纵不羁者的文章，酣畅流利却偏离了作文的主旨；那深究琢磨者的文章，材料堆砌却文采不足。现在的风气就是这样，你们怎么能独自避免呢？只要做到写文章不过头，不走极端也就可以了。如果有才华出众的人能来改革文章的体制，实在是我所希望的。

古人的文章，气势宏大，潇洒飘逸，体制风格，比今人高出许多。只是它的遣词造句，简略质朴，不够严密细致罢了。今人的文章，音律和谐靡丽，语句工整对称，避讳精细详密，这些方面比古人强多了。应该以古人文章的体制为根本，以今人文章的音调为枝叶，这两方面应该并存，不可偏废。

我先父的文章，十分典雅纯正，从不盲从社会上流行的风气。梁孝元帝为湘东王时，曾让萧淑辑录臣僚们的文章编成《西府新文》，先父的文章竟一篇也没被收录，这是因为他的文章不合世俗的口味，没有《郑风》《卫风》那种靡靡之音的缘故。他留下的诗、赋、铭、诔、书、表、启、疏各体文章二十卷，我们弟兄当时正在居丧，没顾得上编排整理这些文章。因遭逢火灾，这些文章被烧光了，竟然不能流传于世。我怀此悲痛和遗恨，真是痛彻心扉啊！先父的节操品行见于《梁史·文士传》以及孝元帝的《怀旧志》。

沈约说："文章应当遵从'三易'的原则：容易了解典故，这是第一点；容易认识文字，这是第二点；容易诵读，这是第三点。"邢子才常说："沈侯的文章，用典不让人感觉到，就像发自内心的话。”我因此而深深地佩服他。祖孝徵也对我说过：“沈约有诗说：‘崖倾护石髓。’这怎么能像是用典呢？”

邢子才、魏收都颇负盛名，一般人把他们当作楷模，视为宗师。邢子才赞赏佩服沈约而轻视任昉；魏收喜爱羡慕任昉而诋毁沈约，二人在聊天饮酒时，常常为此争得面红耳赤。邺下人物众多，二人各有自己的朋党。祖孝徵曾经对我说：“任昉、沈约二人的是非，实际上是邢子才、魏收二人的优劣。”

《吴均集》中有《破镜赋》一文。古时候，有座城邑叫朝歌，颜渊因为这个名称不在那儿停留；有条里弄叫胜母，曾子到这里时赶紧整理衣襟以示恭敬：他们大概是担心这些不好的名称损坏了事物的内涵吧。“破镜”是一种凶恶的野兽，它的典故见于《汉书》，希望你们写文章时避开这个名字。近代常见有人奉和别人的诗歌时，在和诗的题目中加上“敬同”二字，《孝经》上说：“资于事父以事君而敬同。”可见这两个字是不能随便用的。梁朝费旭的诗说：“不知是耶非。”殷沄的诗说：“飖飏云母舟。”简文帝讥讽他俩说：“费旭已经不认识他父亲，殷沄又让他母亲四处飘荡。”这些虽然都是过去的事，但是不可随意引用。有人在文章中引用《诗经》中“伐鼓渊渊”的诗句，《宋书》对这些乱引诗句的人已有所讥讽，以此类推，希望你们一定要避免使用这类词语。有人母亲尚健在，与舅舅分别时却吟唱《渭阳》这种思念亡母的诗歌；有人父亲尚健在，送别兄长时却引用“桓山之鸟”这种表现父亡卖子之悲的典故，这些都是莫大的错误。举以上例子，是希望你们处处能够慎重对待。

江南人写文章，希望别人给予批评指正，知道毛病所在，立即加以改正，曹植从丁廙那里感受过这种好风气。山东的风俗，不懂得请别人对自己的文章加以抨击责难。我刚到邺城时，曾因此而冒犯他人，至今还很后悔，你们一定不要轻率地议论别人的文章。

凡代人为文，皆作彼语①，理宜然矣。至于哀伤凶祸之辞，不可辄代。蔡邕为胡金盈作《母灵表颂》曰：“悲母氏之不永，胡委我而夙丧。”又为胡颢作其父铭曰："葬我考议郎君。"《袁三公颂》曰："猗欤我祖，出自有妫。"王粲为潘文则《思亲诗》云："躬此劳悴，鞠予小人；庶我显妣，克保遐年。"而并载乎邕、粲之集，此例甚众。古人之所行，今世以为讳。陈思王《武帝诔》，遂深永蛰之思；潘岳《悼亡赋》，乃怆手泽之遗：是方父于虫，匹妇于考也。蔡邕《杨秉碑》云："统大麓之重。"潘尼《赠卢景宣诗》云："九五思飞龙。"孙楚《王骠骑诔》云："奄忽登遐。"陆机《父诔》云："亿兆宅心，敦叙百揆。"《姊诔》云："伣天之和[②]。"今为此言，则朝廷之罪人也。王粲《赠杨德祖诗》云："我君饯之，其乐泄泄[③]。"不可妄施人子，况储君乎？

挽歌辞者，或云古者《虞殡》之歌，或云出自田横之客，皆为生者悼往告哀之意。陆平原多为死人自叹之言，诗格既无此例，又乖制作本意。

凡诗人之作，刺箴美颂，各有源流，未尝混杂，善恶同篇也。陆机为《齐讴篇》，前叙山川物产风教之盛，后章忽鄙山川之情，殊失厥体。其为《吴趋行》，何不陈子光、夫差乎？《京洛行》，胡不述赧王、灵帝乎？

自古宏才博学，用事误者有矣。百家杂说，或有不同，书傥湮灭，后人不见，故未敢轻议之。今指知决纰缪者[④]，略举一两端以为诫。《诗》云："有鷕雉鸣。"又曰："雉鸣求其牡。"毛《传》亦曰："鷕，雌雉声。"又云："雉之朝雊，尚求其雌。"郑玄注《月令》亦云："雊，雄雉鸣。"潘岳赋曰："雉鷕鷕以朝雊。"是则混杂其雄雌矣。《诗》云："孔怀兄弟。"孔，甚也；怀，思也，言甚可思也。陆机《与长沙顾母书》，述从祖弟士璜死，乃言："痛心拔脑，有如孔怀。"心既痛矣，即为甚思，何故方言有如也？观其此意，当谓亲兄弟为孔怀。《诗》云："父母孔迩。"而呼二亲为孔迩，于义通乎？《异物志》云："拥剑状如蟹，但一螯偏大尔。"何逊诗云："跃鱼如拥剑。"是不分鱼蟹也。《汉书》："御史府中列柏树，常有野鸟数千，栖宿其上，晨去暮来，号朝夕鸟。"而文士往往误作乌鸢用之。《抱朴子》说项曼都诈称得仙，自云："仙人以流霞一杯与我饮之，辄不饥渴。"而简文诗云："霞流抱朴碗。"亦犹郭象以惠施之辨为庄周言也。《后汉书》："囚司徒崔烈以锒铛锁。"锒铛，大锁也；世间多误作金银字。武烈太子亦是数千卷学士，尝作诗云："银锁三公脚，刀撞仆射头。"为俗所误。

文章地理，必须惬当[⑤]。梁简文《雁门太守行》乃云："鹅军攻日逐，燕骑荡康居，大宛归善马，小月送降书。"萧子晖《陇头水》云："天寒陇水急，散漫俱分泻，北注徂黄龙，东流会白马。"此亦明珠之颣[⑥]，美玉之瑕，宜慎之。

王籍《入若耶溪》诗云："蝉噪林逾静，鸟鸣山更幽。"江南以为文外断绝，物无异议。简文吟咏，不能忘之；孝元讽味[⑦]，以为不可复得，至《怀旧志》载于《籍传》。范阳卢询祖，邺下才俊，乃言："此不成语，何事于能？"魏收亦然其论。《诗》云："萧萧马鸣，悠悠旆旌。"毛《传》曰："言不喧哗也。"吾每叹此解有情致，籍诗生于此耳。

兰陵萧悫，梁室上黄侯之子，工于篇什[⑧]。尝有《秋诗》云："芙蓉露下落，杨柳月中疏。"时人未之赏也。吾爱其萧散，宛然在目。颍川荀仲举、琅邪诸葛汉，亦以为尔。而卢思道之徒，雅所不惬。

何逊诗实为清巧，多形似之言[⑨]；扬都论者，恨其每病苦辛，饶贫寒气，不及刘孝绰之雍容也。虽然，刘甚忌之，平生诵何诗，常云：“‘蘧居响北阙[⑩]，懎懎不道车。’”又撰《诗苑》，止取何两篇，时人讥其不广。刘孝绰当时既有重名，无所与让；唯服谢朓，常以谢诗置几案间，动静辄讽味。简文爱陶渊明文，亦复如此。江南语曰：“梁有三何，子朗最多。”三何者，逊及思澄、子朗也。子朗信饶清巧。思澄游庐山，每有佳篇，亦为冠绝。

【注释】 ① 皆作彼语：用他的语气作文。

② 伣（qiàn）：好比。

③ 泄泄：快乐的样子。

④ 指知决纰缪者：据我所知，绝对是错误的事例。

⑤ 惬当：恰当。

⑥ 纇（lèi）：本指丝上结成的疙瘩，这里是毛病的意思。

⑦ 讽味：吟诵玩味。

⑧ 篇什：泛指文章辞赋等。

⑨ 形似：形象逼真。

⑩ 居：当作“车”。何逊《早朝》诗：“蘧车响北阙，郑履入南宫。”用蘧伯玉之事。

【译文】 凡是替人写文章，都使用对方的语气，这是情理之中的事。至于涉及哀悼伤痛，死亡灾祸一类的文章，就不应随便代笔了。蔡邕替胡金盈写的《母灵表颂》说：“悲母氏之不永，胡委我而夙丧。”又替胡颢写其父的铭文说：“葬我考议郎君。”还有《袁三公颂》说：“猗欤我祖，出自有妫。”王粲替潘文则写的《思亲诗》说：“躬此劳悴，鞠予小人；庶我显妣，克保遐年。”这些文章都载入蔡邕、王粲的文集中，这类例子很多。古人的这种做法，今天就被当作犯讳了。曹植在《武帝诔》中用“永蛰”表示对父亲的深切思念；潘岳在《悼亡赋》中用“手泽”抒发看到亡妻遗物的感伤：前者把父亲比作了昆虫，后者把妻子等同于亡父。蔡邕的《杨秉碑》说：“统大麓之重。”潘尼的《赠卢景宣诗》说：“九五思龙飞。”孙楚的《王骠骑诗》说：“奄忽登遐。”陆机的《父诔》说：“亿兆宅心，敦叙百揆。”《姊诔》说：“伣天之和。”如今谁再这样写，就是朝廷的罪人了。王粲的《赠杨德祖诗》说：“我君饯之，其乐泄泄。”这种话不能随便用于别人的孩子，更何况是太子呢？

挽歌辞，有人认为是古代的《虞殡》之歌；有人认为出自田横的门客，都是活着的人悼念死者以表达哀痛之情的。陆机写的《挽歌诗》大多是死者自叹之言，诗的体例中既没有这样的例子，又违背了作诗的本意。

凡是诗人的作品，无论是指责的、规谏的、赞美的、歌颂的，各有其源流，不会相互混杂，使善恶同处一篇之中。陆机作的《齐讴篇》，前部分叙述山川、物产、风俗、教化的兴盛，而后部分却突然出现了轻视山川之情，大大背离了全诗的风格。他作的《吴趋行》，为什么不陈述阖闾、夫差的事呢？他作的《京洛行》，为什么不陈述周赧王、汉灵帝的事呢？

自古以来，那些宏才博学而引用典故发生错误的有的是。诸子百家杂说，意见有些不同，倘若其书已经湮灭，后人不能见到，所以我不敢妄加评论。现在我且举几个已经被肯定是错误的例子，希望你们以后引以为戒。《诗经》中说：“有鷕雉鸣。”又说：“雉鸣求其牡。”《毛诗训诂传》也说：“鷕，雌雉声。”《诗经》中又说：“雉之朝雊，尚求其雌。”郑玄所注解的《月令》也说：“雊，雄雉鸣。”潘岳的赋却说：“雉鷕鷕以朝雊。”这就把雌雄混为一谈了。《诗经》中说：“孔怀兄弟。”孔，很的意思。怀，思念的意思。孔怀，意思是十分想念。陆机的《与长沙顾母书》，叙述从祖弟士璜之死，却说：“痛心拔脑，有如孔怀。”心中既感到悲痛，就是非常思念了，为什么还说“有如”呢？看他这句话的意思，应该是把亲兄弟当作“孔怀”。《诗经》中说：“父母孔迩。”如果按照上面的说法，就是把父母称作“孔迩”了，这能说得通吗？《异物志》中说：“拥剑状如蟹，但一螯偏大尔。”何逊的诗说：“跃鱼如拥剑。”这是没有分辨鱼和蟹的区别。《汉书》中说：

"御史府中列柏树，常有野鸟数千，栖宿其上，晨去暮来，号朝夕鸟。"而文人们往往把此鸟误作"乌鸢"来使用。《抱朴子》中说项曼都诈称遇见了仙人，自己说："仙人以流霞一杯与我饮之，辄不饥渴。"而梁简文帝的诗说："霞流抱朴碗。"就好像郭象把惠施的话当作庄周的话了。《后汉书》说："囚司徒崔烈以锒铛镣。"锒铛，指铁锁链，世人大多把"锒"字写作金银的"银"字。武烈太子也是一位饱读诗书的学者，他曾经作诗："银镣三公脚，刀撞仆射头。"这就是被世俗的写法误导了。

诗文中涉及有关地理的内容，必须恰当。梁简文帝的《雁门太守行》中说："鹅军攻日逐，燕骑荡康居，大宛归善马，小月送降书。"萧子晖的《陇头水》中说："天寒陇水急，散漫俱分泻，北注徂黄龙，东流会白马。"这些诗句都有失误，虽不严重，也算是明珠小疵，白璧微瑕了。这些地方应该慎重对待啊。

王籍的《入若耶溪》诗中说："蝉噪林逾静，鸟鸣山更幽。"江南文士认为这两句诗无与伦比，众人没有异议。梁简文帝吟咏过这两句诗后，就不能把它忘掉了；梁孝元帝诵读品味后，也认为再也无人能写出这样的诗句，以至于在《怀旧志》中把它记载在《王籍传》中。范阳人卢询祖，是邺下的才俊之士，竟说："这两句诗不成诗样，为什么认为他有才能呢？"魏收也同意卢询祖的意见。《诗经》中说："萧萧马鸣，悠悠旆旌。"《毛诗训诂传》中说："意思是安静而不嘈杂。"我时常赞叹这个解释有情致，王籍的诗句就是由此产生的。

兰陵人萧悫，是梁朝上黄侯萧晔的儿子，擅长写诗。他曾经写过一首《秋诗》，有这么两句："芙蓉露下落，杨柳月中疏。"当时的人并不欣赏它，我却喜欢它的空远闲散，宛然在目。颍川荀仲举，琅邪诸葛汉，也是这样认为的。而卢思道那些人却不满意这两句诗。

何逊的诗确实清新奇巧，有很多形象生动的佳句，邺下的论诗者，抱怨他的诗中有苦辛之味，多贫寒之气，不如刘孝绰诗歌的雍容华贵。尽管如此，刘孝绰仍很妒忌何逊的诗。平时诵读何逊的诗，常常讥讽说："'蘧居响北阙'，懂懂不道车。"他编撰的《诗苑》一书，只选取了何逊的两篇，当时的人责难他收得太少了。刘孝绰当时已负盛名，没有什么谦让可言；他只佩服谢朓，常常把谢朓的诗文放在几案上，起居作息之时，拿来诵读玩味。

梁简文帝喜欢陶渊明的诗文，也像刘孝绰一样爱不释手。江南有句俗语说：“梁朝三何，子朗最多。”三何，指何逊、何思澄及何子朗。何子朗的诗歌确实富有清新奇巧之句。何思澄游览庐山时，常有佳作产生，在当时也是超群绝伦的。

名实第十

【题解】 本篇主要讲“名”与“实”之关系。“名”即名誉、名声，是一种社会认同；“实”即本质，自我表现，是自己主观的实际情况。作者认为，“名”是外在的，“实”是根本的，只有抓住根本，才能得到外在的部分。人最可贵的，是名实相符，言行一致，“巧伪不如拙诚”。

名之与实，犹形之与影也。德艺周厚[①]，则名必善焉；容色姝丽，则影必美焉。今不修身而求令名于世者，犹貌甚恶而责妍影于镜也。上士忘名，中士立名，下士窃名。忘名者，体道合德，享鬼神之福佑，非所以求名也；立名者，修身慎行，惧荣观之不显[②]，非所以让名也；窃名者，厚貌深奸，干浮华之虚称[③]，非所以得名也。

人足所履，不过数寸，然而咫尺之途，必颠蹶于崖岸[④]；拱把之梁[⑤]，每沉溺于川谷者，何哉？为其傍无余地故也。君子之立己，抑亦如之。至诚之言，人未能信；至洁之行，物或致疑：皆由言行声名，无余地也。吾每为人所毁，常以此自责。若能开方轨之路[⑥]，广造舟之航，则仲由之言信，重于登坛之盟；赵熹之降城，贤于折冲之将矣。

吾见世人，清名登而金贝入[⑦]，信誉显而然诺亏[⑧]，不知后之矛戟，毁前之干橹也。虙子贱云：“诚于此者行于彼。”人之虚实真伪在乎心，无不见乎迹，但察之未熟耳。一为察之所鉴，巧伪不如拙诚，承之以羞大矣。伯石让卿，王莽辞政，当于尔时，自以巧密；后人书之，留传万代，可为骨寒毛竖也。近有大贵，以孝著声，前后居丧，哀毁逾制[9]，亦足以高于人矣。而尝于苫块之中[10]，以巴豆涂脸[11]，遂使成疮，表哭泣之过。左右童竖，不能掩之，益使外人谓其居处饮食，皆为不信。以一伪丧百诚者，乃贪名不已故也。

有一士族，读书不过二三百卷，天才钝拙[12]，而家世殷厚，雅自矜持，多以酒犊珍玩，交诸名士，甘其饵者，递共吹嘘。朝廷以为文华，亦常出境聘。东莱王韩晋明笃好文学，疑彼制作，多非机杼[13]，遂设宴言，面相讨试。竟日欢谐，辞人满席，属音赋韵，命笔为诗，彼造次即成[14]，了非向韵。众客各自沉吟，遂无觉者。韩退叹曰："果如所量！"韩又尝问曰："玉珽杼上终葵首[15]，当作何形？"乃答云："珽头曲圜，势如葵叶耳。"韩既有学，忍笑为吾说之。

治点子弟文章[16]，以为声价，大弊事也。一则不可常继，终露其情；二则学者有凭，益不精励。

邺下有一少年，出为襄国令，颇自勉笃。公事经怀[17]，每加抚恤，以求声誉。凡遣兵役，握手送离，或赍梨枣饼饵[18]，人人赠别，云："上命相烦，情所不忍；道路饥渴，以此见思。"民庶称之，不容于口。及迁为泗州别驾，此费日广，不可常周，一有伪情，触涂难继[19]，功绩遂损败矣。

或问曰："夫神灭形消，遗声余价，亦犹蝉壳蛇皮，兽迒鸟迹耳[20]，何预于死者，而圣人以为名教乎？"对曰："劝也，劝其立名，则获其实。且劝一伯夷，而千万人立清风矣；劝一季札，而千万人立仁风矣；劝一柳下惠，而千万人立贞风矣；劝一史鱼，而千万人立直风矣。故圣人欲其鱼鳞凤翼，杂沓参差[21]，不绝于世，岂不弘哉？四海悠悠，皆慕名者，盖因其情而致其善耳。抑又论之，祖考之嘉名美誉[22]，亦子孙之冕服墙宇也，自古及今，获其庇荫者亦众矣。夫修善立名者，亦犹筑室树果，生则获其利，死则遗其泽。世之汲汲者[23]，不达此意，若其与魂爽俱升，松柏偕茂者，惑矣哉！”

【注释】 ① 德艺周厚：德行、才艺全面深厚。

② 荣观：显赫的声誉。

③ 干（gān）：求取。

④ 颠蹶（jué）：跌倒。

⑤ 拱把之梁：极小的独木桥。两手合围叫拱，一只手所握叫把。

⑥ 方轨之路：宽广的大道。方轨，两车并行。

⑦ 金贝：指货币。

⑧ 然诺亏：不信守诺言。

⑨ 哀毁：因过度悲伤而伤害身体。

⑩ 苫（shān）块：古人于居丧期间，在父母坟边搭庐而住，以草垫（苫）为席，以土块为枕，以表怀念之情。

⑪ 巴豆：一种植物，产于巴中，形如豆，有毒。

⑫ 天才：天生的资质。

⑬ 机杼（zhù）：织布机，这里比喻诗文的立意构思。

⑭ 造次：仓猝之间。

⑮ 玉珽：玉笏，古代天子所持的玉制手板。 杼：这里是削刮之意。 终葵：齐人叫椎为终葵。句意是说，把玉珽从下往上削刮到椎头为止。

⑯ 治点：修改（文章）。

⑰ 经怀：尽心竭力。

⑱ 赍（jī）：以物赠人。

⑲ 触涂难继：处处难以为继。

⑳ 远（háng）：兽的踪迹。

㉑ 杂沓参差：杂乱，不整齐。

㉒ 祖考：祖先。

㉓ 汲汲（jí）：心情急迫的样子。

【译文】 名声与实际的关系，就像形体与影子的关系一样。品德和才能深厚全面的人，名声一定美好；容貌美丽的人，影子也一定好看。现在某些人不注重修养身心，却希求有个好名声传扬于世，就好比是相貌丑陋却希望漂亮的影像出现在镜子里。上等品德的人忘却好名声，中等品德的人树立好名声，下等品德的人竭力窃取好名声。忘却好名声的人，能够体察事物的规律，言行符合道德的规范，因而享受了鬼神的福佑，所以他们不用去求取好名声；树立好名声的人，努力提高自身的品德修养，谨慎行事，时时担心自己的美誉不能显扬，所以对于好名声他们是不会谦让的；窃取好名声的人，貌似忠厚实则大奸，求取浮华的虚名，所以他们得不到好名声。

人脚所踩踏的地方，不过几寸大小。然而在尺把宽的山路上行走，一定会从山崖上摔下去；在碗口粗的独木桥上过河，也往往会淹死在河中。为什么呢？是因为脚旁边没有余地的缘故。君子要在社会上立足，也是这个道理。最真实的言语，别人不会相信；最高洁的行为，别人往往有所怀疑。都是因为这类言论、行为的名声太好，没有可回旋的余地。我每当被人诋毁之时，就常以此自责。你们如果能开辟宽阔的大道，加宽渡河的浮桥，那么就会像子路一样，说话真实可信，胜过诸侯登坛结盟的誓约；像赵熹那样，招降敌军占据的城池，胜过克敌制胜的将军。

我看世上有些人，清名播扬而金钱暗入，信誉昭著却不守诺言，不知道自己的言行是前后矛盾的。虑子贱说：“诚于此而行于彼。”人的虚实真伪在于内心，但又无不反映在他的言行之中，只是人们没有深入考察罢了。一旦考察真切，巧于作伪的人就不如拙而诚实的人，他们招来的羞辱就大了。春秋时代的伯石多次推却卿的册封，汉朝的王莽也再三推辞大司马的任命，在那个时候，他们都以为事情机巧周密。后人记载了他们的言行，留传万代，让后人为他们的伪诈感到毛骨悚然。最近有位大贵人，以孝著称，在居丧期间，哀伤过度，超过了丧礼的要求，他的孝心显得超乎常人了。可是他在居丧期间，用巴豆涂抹脸颊，使脸上长出了许多疮疤，以此表示他痛哭流涕是多么厉害。可是他身边的僮仆，却未能替他掩盖此事，事情传扬出去，更使得外人对他饮食起居诸多方面表露的孝心，都不相信了。由于一件事作了假而使一百件诚实的事情也失去了别人的信任，这是贪求名声、不知满足的结果呀！

有一个士族子弟，读的书不过二三百卷，天资迟钝笨拙，只是家世殷实富有，他很有些骄矜自负。他经常带酒肉珍宝去结交名士，得到好处的人，争相吹捧他。朝廷以为他才华出众，曾经派他作为使节出国访问。东莱王韩晋明热爱文学，怀疑这个人所写的东西大多数不是出自本人的命意构思，就设宴叙谈，想当面试试他。整日气氛欢乐和谐，才士聚集一堂，赋诗唱和，挥毫弄墨。这个士族拿起笔来一挥而就，可是全然不合音韵。众人各自低头沉思吟咏，没有发觉这个士族所作异乎平常。韩晋明退席后感叹道："果然和我估量的一样！"韩晋明又曾问过他："'玉珽杼上终葵首'，该是什么样子？"他却回答说："玉珽头部弯曲圆转，形状就像葵叶一样。"韩晋明是有学问的人，忍着笑给我说了这件事。

帮助子弟修改润色文章，以此抬高他们的声价，这是最糟糕的事了。一是不能永远地替他们修改润色，终究要露出真实情形；二是正在学习的人有了依靠，就更不肯勤奋钻研了。

邺下有个年轻人，出任襄国县令，他十分勤勉踏实，办理公事特别尽心，常常抚恤下属，希望以此博取好名声。每派遣兵差，都要握手相送，有时把梨、枣、糕饼等食品送给去服役的人，并且一个一个地临别赠言："上级的命令，有劳各位了，心中实在不忍，你们一路饥渴，送这些聊表思念。"百姓因此称赞他，对他赞不绝口。等到他升迁为泗州别驾，这种费用一天天地增多，他不可能事事都做得那么周到。一旦流露出一点假意虚情，就处处难以继续下去，过去的功绩也随之被抹杀。

有人问道："人死之后，形体灵魂都消失，他留下的名声，也不过是像蝉蜕下的壳、蛇蜕掉的皮以及鸟兽留下的足迹一样，那名声与死者有什么关系，圣人却要把它作为教化的内容？”我回答说：“那是为了勉励大家啊，勉励一个人去树立某种好名声，就是希望他的实际行为能与名声相符。何况我们勉励人们向伯夷学习，成千上万的人就可以树立起清白的风气；勉励人们向季札学习，成千上万的人就可以树立起仁爱的风气；勉励人们向柳下惠学习，成千上万的人就可以树立起坚贞的风气；勉励人们向史鱼学习，成千上万的人就可以树立起正直的风气。所以，圣人希望世人不论其天资禀赋有多么大的差异，都纷纷起而效仿伯夷等人，使这种好的风气绵延不绝，这难道不是一件大事吗？这世上的芸芸众生，都是爱慕名声的，应该根据这种感情而引导他们达到美好的境界。也可以这么说，祖辈父辈的美好声誉，就好比是子孙们的礼冠服饰和高楼华厦，从古到今，得到这种荫庇的人够多了。那些广行善事以树立名声的人，就好比是建筑房屋、栽培果树，活着时能得到好处，死后能遗惠后代。那些急急忙忙追求利益的人，就不明白这个道理，他们死后，如果名声与魂魄一起升天，能够像松柏一样万古长青，那就是怪事了。”

涉务第十一

【题解】 “涉务”即涉及世务，做实际的工作。作者尖锐地批评梁朝士大夫养尊处优、夸夸其谈的作风，他们“出则车舆，入则扶侍”，娇生惯养到“肤脆骨柔，不堪行步”的程度，以致一旦战乱发生，惊慌失措，“坐死仓猝”。作者列举他们“治官则不了，营家则不办”的严重脱离社会实践的反面例证，意在告诫后代：深入广泛地接触实际，做于国、于民、于家有用的人。

士君子之处世，贵能有益于物耳，不徒高谈虚论，左琴右书，以费人君禄位也[①]。国之用材，大较不过六事：一则朝廷之臣，取其鉴达治体，经纶博雅；二则文史之臣，取其著述宪章，不忘前古；三则军旅之臣，取其断决有谋，强干习事；四则藩屏之臣，取其明练风俗，清白爱民；五则使命之臣，取其识变从宜，不辱君命；六则兴造之臣，取其程功节费[②]，开略有术[③]，此则皆勤学守行者所能辨也。人性有长短，岂责具美于六涂哉[④]？但当皆晓指趣[⑤]，能守一职，便无愧耳。

吾见世中文学之士，品藻古今，若指诸掌，及有试用，多无所堪。居承平之世，不知有丧乱之祸；处庙堂之下，不知有战陈之急[⑥]；保俸禄之资，不知有耕稼之苦；肆吏民之上，不知有劳役之勤，故难可以应世经务也。晋朝南渡，优借士族[⑦]。故江南冠带，有才干者，擢为令仆已下，尚书郎中书舍人已上，典掌机要。其余文义之士，多迂诞浮华，不涉世务，纤微过失，又惜行捶楚[8]，所以处于清高，益护其短也。至于台阁令史，主书监帅，诸王签省，并晓习吏用，济办时须，纵有小人之态，皆可鞭杖肃督，故多见委使，盖用其长也。人每不自量，举世怨梁武帝父子爱小人而疏士大夫，此亦眼不能见其睫耳。

梁世士大夫，皆尚褒衣博带[9]，大冠高履，出则车舆，入则扶侍，郊郭之内，无乘马者。周弘正为宣城王所爱，给一果下马[10]，常服御之，举朝以为放达[11]。至乃尚书郎乘马，则纠劾之。及侯景之乱，肤脆骨柔，不堪行步，体羸气弱，不耐寒暑，坐死仓猝者，往往而然。建康令王复性既儒雅，未尝乘骑，见马嘶喷陆梁[12]，莫不震慑，乃谓人曰："正是虎，何故名为马乎？"其风俗至此。

古人欲知稼穑之艰难，斯盖贵谷务本之道也。夫食为民天，民非食不生矣，三日不粒，父子不能相存。耕种之，茠锄之[13]，刈获之[14]，载积之，打拂之，簸扬之，凡几涉手，而入仓廪，安可轻农事而贵末业哉？江南朝士，因晋中兴，南渡江，卒为羁旅，至今八九世，未有力田，悉资俸禄而食耳。假令有者，皆信僮仆为之，未尝目观起一墢土[15]，耘一株苗；不知几月当下，几月当收，安识世间余务乎？故治官则不了[16]，营家则不办，皆优闲之过也。

【注释】 ① 费：耗费。

② 程功：计量功效，讲求效率。

③ 开略：开创筹划。

④“岂责”句：哪能去苛求人同时具备这六种才能呢？

⑤ 皆晓指趣：都应明了要略。

⑥ 战陈（zhèn）：战阵，作战的阵法。

⑦ 优借：优待。

⑧ 惜行捶楚：不忍心用刑法。

⑨ 褒衣博带：宽大的袍子，修长的衣带。

⑩ 果下马：当时的一种小马，三尺高，可从果树下通过，故名。

⑪ 放达：放纵旷达。

⑫ 嘶喷：嘶鸣。 陆梁：跳跃。

⑬ 茠：同“薅”（hāo），用手拔草。 钽：同“锄”。

⑭ 刈（yì）获：收割庄稼。

⑮ 墢（fá）：同“垡”，耕地时一耜所翻起的土。

⑯ 了：明了（吏务）。

【译文】 君子立身处世，贵在有益于别人，不能光是高谈阔论、弹琴练字，以此耗费君王的俸禄官爵。国家需要的人才，大概不外乎六种：一种是朝廷之臣，选择他们通晓政事，学识渊博；二种是文史之臣，选择他们撰述典章，借鉴古代；三种是军旅之臣，选择他们多谋善断，强悍熟练；四种是藩屏之臣，选择他们熟悉民风，清廉爱民；五种是使命之臣，选择他们随机应变，不辱使命；六种是兴造之臣，选择他们高效节俭，善于筹划。以上种种，是勤于学习、保持操行的人都能办到的。人的资质高下不一，怎么能要求一个人把以上六种才能样样具备呢？只是人人都应该明白其中的要旨，能在某一个职位上尽力做好，也就问心无愧了。

我看到世上的文学之士，评谈古今，好像了如指掌，至于让他们去干实事，多数人却不能胜任。他们生活在太平的社会，不知道有丧乱的灾祸；在朝中做官，不知道战事的危急；领取俸禄供给，不知道耕作的艰辛；高居百姓之上，不知道劳役的辛勤，所以很难让他们顺应时务，处理政事。晋朝南渡后，朝廷优待士族，所以江南的官吏，凡有才干的，都被提拔担任尚书令、尚书仆射以下，尚书郎、尚书舍人以上的官职，掌管机要大事。其余那些空谈文章的书生，大都迂腐浮华，不接触实际事务，纵使他们有些小过失，也不忍对他们施以杖责，所以把他们放在一些名声清高的职务上，以掩饰他们的弱点。至于尚书省的令史、主书、监帅，诸王身边的签帅、省事等职务，均由熟悉官吏事务、能履行职责的人担任。纵然有些人有不良的表现，也可施加鞭打杖击的处罚，加以严厉管教，所以多数人被委任，大概是用其所长吧。人往往不自量，当时世人都在抱怨梁武帝父子亲近小人而疏远士大夫，这就像人的眼珠子看不见自己的睫毛一样没有自知之明。

梁朝的士大夫，都崇尚宽衣大带、大帽高履，出门乘车代步，进门有僮仆服侍，在城郊以内，没见过有哪个士大夫骑马的。周弘正受到宣城王的宠爱，得到一匹果下马，他经常骑着外出，满朝的官员都认为他过于放纵。至于像尚书郎这类的官员骑马，就会被人检举弹劾。到了侯景之乱的时候，士大夫们个个肌肤细嫩、筋骨柔软，受不了步行的辛苦，身体软弱，气血不足，耐不得寒暑，在猝不及防的变乱中坐以待毙的往往就是他们。建康令王复，性格文雅，又不曾骑过马，一看到马嘶叫奔跳，没有一次不惊慌的，还对别人说："这是虎，为什么要把它叫做马呢?"当世的风气竟然到了这一步。

古人想了解农事的艰难，这大概体现了重视粮食、以农为本的思想。吃饭是第一件大事，没有食物，人们就无法生存。三天不吃饭，父子之间也没有力气互相问候了。种一次庄稼，要经过耕地、播种、除草、松土、收割、运载、脱粒、簸扬等多种工序，粮食才能进入仓库，怎么能轻农重商呢?江南朝廷的士大夫，随着晋朝的中兴，南渡过江，客居他乡，到现在已八九代了。但从来没有力气下田耕作，完全依赖俸禄生活。即使有田地的人，也全靠僮仆耕种，他们从未亲自翻过一尺土、耕过一株苗，不知何时播种、何时收获，这些人哪能懂得社会上的其他事务?所以他们做官不明吏务，理家不会经营，这都是养尊处优造成的危害!

省事第十二

【题解】　“省事”的意思，是为人处世的一种方式方法，具体而言，即做任何事都要掌握好一个尺度，不可过头。表现在做学问上，应有所专长，不可面面俱到；表现在为官上，应忠于职守，不可越权；表现在爵禄上，应抱着“信由天命”的态度，顺其自然，不可刻意追求。这些经验和教训，都是作者从动荡的社会中，从险恶的人情中得来的，对子孙而言，弥足珍贵。

铭金人云：“无多言，多言多败；无多事，多事多患。”至哉斯戒也！能走者夺其翼，善飞者减其指[①]，有角者无上齿，丰后者无前足，盖天道不使物有兼焉也。古人云：“多为少善，不如执一；鼫鼠五能[②]，不成伎术。”近世有两人，朗悟士也，性多营综[③]，略无成名，经不足以待问，史不足以讨论，文章无可传于集录，书迹未堪以留爱玩，卜筮射六得三，医药治十差五，音乐在数十人下，弓矢在千百人中，天文、画绘、棋博，鲜卑语、胡书[④]，煎胡桃油[⑤]，炼锡为银，如此之类，略得梗概，皆不通熟。惜乎，以彼神明，若省其异端，当精妙也。

上书陈事，起自战国，逮于两汉，风流弥广[⑥]。原其体度：攻人主之长短，谏诤之徒也；讦群臣之得失，讼诉之类也；陈国家之利害，对策之伍也；带私情之与夺，游说之俦也。总此四涂，贾诚以求位[⑦]，鬻言以干禄。或无丝毫之益，而有不省之困，幸而感悟人主，为时所纳，初获不赀之赏[8]，终陷不测之诛，则严助、朱买臣、吾丘寿王、主父偃之类甚众。良史所书，盖取其狂狷一介，论政得失耳，非士君子守法度者所为也。今世所睹，怀瑾瑜而握兰桂者[9]，悉耻为之。守门诣阙，献书言计，率多空薄，高自矜夸，无经略之大体[10]，咸秕糠之微事，十条之中，一不足采，纵合时务，已漏先觉，非谓不知，但患知而不行耳。或被发奸私，面相酬证，事途回穴，翻惧愆尤[11]；人主外护声教，脱加含养[12]，此乃侥幸之徒，不足与比肩也[13]。

谏诤之徒，以正人君之失尔，必在得言之地[14]，当尽匡赞之规，不容苟免偷安，垂头塞耳；至于就养有方，思不出位，干非其任，斯则罪人。故《表记》云："事君，远而谏，则谄也；近而不谏，则尸利也。"《论语》曰："未信而谏，人以为谤己也。"

君子当守道崇德，蓄价待时，爵禄不登，信由天命。须求趋竞，不顾羞惭，比较材能，斟量功伐[15]，厉色扬声，东怨西怒；或有劫持宰相瑕疵，而获酬谢，或有喧聒时人视听，求见发遣。以此得官，谓为才力，何异盗食致饱，窃衣取温哉！世见躁竞得官者，便谓"弗索何获"，不知时运之来，不求亦至也；见静退未遇者，便谓"弗为胡成"，不知风云不与[16]，徒求无益也。凡不求而自得，求而不得者，焉可胜算乎！

齐之季世[17]，多以财货托附外家，喧动女谒[18]。拜守宰者，印组光华，车骑辉赫，荣兼九族，取贵一时。而为执政所患，随而伺察，既以利得，必以利殆，微染风尘，便乖肃正，坑阱殊深，疮痏未复[19]，纵得免死，莫不破家，然后噬脐[20]，亦复何及。吾自南及北，未尝一言与时人论身分也，不能通达，亦无尤焉。

王子晋云："佐饔得尝，佐斗得伤。"此言为善则预[21]，为恶则去，不欲党人非义之事也。凡损于物，皆无与焉。然而穷鸟入怀，仁人所悯；况死士归我，当弃之乎？伍员之托渔舟，季布之入广柳，孔融之藏张俭，孙嵩之匿赵岐，前代之所贵，而吾之所行也，以此得罪，甘心瞑目。至如郭解之代人报仇，灌夫之横怒求地，游侠之徒，非君子之所为也。如有逆乱之行，得罪于君亲者，又不足恤焉。亲友之迫危难也，家财己力，当无所吝；若横生图计，无理请谒，非吾教也。墨翟之徒，世谓热腹；杨朱之侣，世谓冷肠。肠不可冷，腹不可热，当以仁义为节文尔[22]。

前在修文令曹，有山东学士与关中太史竞历，凡十余人，纷纭累岁，内史牒付议官平之。吾执论曰："大抵诸儒所争，四分并减分两家尔。历象之要，可以晷景测之[23]；今验其分至薄蚀，则四分疏而减分密。疏者则称政令有宽猛，运行致盈缩，非算之失也；密者则云日月有迟速，以术求之，预知其度，无灾祥也。用疏则藏奸而不信，用密则任数而违经。且议官所知，不能精于讼者，以浅裁深，安有肯服？既非格令所司[24]，幸勿当也。"举曹贵贱，咸以为然。有一礼官，耻为此让，苦欲留连，强加考核。机杼既薄[25]，无以测量，还复采访讼人，窥望长短，朝夕聚议，寒暑烦劳，背春涉冬，竟无予夺[26]，怨诮滋生，赧然而退，终为内史所迫：此好名之辱也。

【注释】 ① 指：这里指脚趾。

②鼫（shí）鼠：大小如鼠，颈项似兔。《说文》谓其“能飞不能过屋，能缘不能穷木，能游不能渡谷，能穴不能掩身，能走不能先人”。

③性多营综：兴趣广泛，什么事都想干。

④胡书：鲜卑文字。

⑤胡桃油：胡人作画时所用的一种油料。

⑥风流：遗风。

⑦贾（gǔ）诚：即贾忠（避隋文帝父杨忠之讳），出卖自己的忠诚。

⑧不赀：不可估量。

⑨瑾瑜：美玉。

⑩经略之大体：治国安邦的大计。

⑪翻惧愆尤：反而害怕招来灾祸。

⑫脱：或许。

⑬比肩：共同做事。

⑭得言之地：获取有发言权之职位。

⑮功伐：功劳。

⑯风云：比喻机遇。

⑰季世：末世。

⑱女谒：通过宫中得宠的女子而干请求托。

⑲疮痏（wěi）：疮口。

⑳噬脐：自咬腹脐，不可及也，比喻悔之已晚。

㉑预：参与。

㉒节文：节制，修饰。

㉓晷（guǐ）景：日晷所测出的日影。

㉔格令：律令。

㉕机杼既薄：有关方面的知识欠缺。

㉖予夺：裁决，定夺。

【译文】 刻在金人身上的文字说：“不要多说话，多说话多受损；不要多管事，多管事多招祸。”这个训诫太对了。动物中，善于奔跑的不让它生翅膀，善于飞行的不让它长前肢，长了双角的就没有牙齿，后肢发达的前肢就退化。大概是自然的法则不让他们兼有种种优势吧。古人说：“干得多而干好的少，不如专心致志去干一件事。鼫鼠虽然具备五种技能，却都不够精通。”近代有两个人，都很聪明，兴趣广泛，却没有一项能够成名。他们的经学经不起提问，史学不足以与人讨论，文章的水准也够不上结集传世，书法作品不值得保存玩赏，为人卜筮六次只能对三次，替人看病十人才有五人痊愈，音乐水平在数十人之下，射箭本领在千百人中居中游。至于天文、绘画、棋艺、鲜卑语、胡人文字、煎胡桃油、炼锡成银，种种技艺，只是懂了个大概，不能精通熟练。可惜呀，以他们的灵气，如果能放下其他爱好，专心研习其中的一种，一定会达到精妙的地步。

向君王上书陈述意见，起源于战国时期，到了两汉，这种风气更加流行。推究它的体度，有以下四种情况：指责国君长短的，属于谏诤一类；评价群臣得失的，属于诉讼一类；陈述国家利害的，属于对策一类；抓住对方心理而去打动他的，属于游说一类。无论如何，这四类人都是靠出卖忠心以求取地位，靠出售言论来谋取利禄。他们的陈述可能毫无益处，反而可能招致不被理解的困扰，即使侥幸使国君感悟，被及时采纳，起初可能得到不可估量的好处，而最终却遭到无法预测的诛杀。就像严助、朱买臣、吾丘寿王、主父偃这类人，是很多的。优秀的史官所记载的，只是选取那些性情耿介、勇于针砭时政的人罢了，这些并不是世家弟子谨守法度的人所能干的。就我所见，如今那些德才兼备的人耻于干这种事。守候在公门、奔赴于朝堂向国君献书言计，那些东西大都是空疏浅薄、自吹自擂的空谈，其中没有治理国家的纲领，只是些鸡毛蒜皮的小事，十条建议中，没有一条值得采纳。即使偶有切合实际的，但也是人所周知了。关键不是大家不知道，而是知道了不去实行，这才是真正的症结所在。甚至有些上书人被揭发存有私心，当面与人对证，事情的发展反复变化，当事人为此担惊受怕，纵使国君考虑到对外维护声誉教化，对他们加以包涵，这样的侥幸获免之徒，是不值得与之为伍的。

从事谏诤的人，是要去纠正人君的过失，但一定要处在能够讲话的地位，以尽匡正辅佐的职责，不能苟且偷安，装聋作哑；至于侍奉国君应各司其职，考虑问题不超出自己的职权范围，这是应该注意的。如果越权去冒犯国君，就会成为朝廷的罪人。所以《礼记·表记》上说："侍奉国君，关系疏远而去进谏，那就形同谄媚了；关系密切却不去进谏，那就是尸位素餐了。"《论语·子张》上说："没有取得国君的信任就去进谏，国君就会以为你在诽谤他。"

君子应该谨守正道德行，蓄积声望以待时机。一个人的官职俸禄不能提高，那实际上是天命决定的。为了自己的索求而东奔西走，不顾羞耻，与别人比较才能、衡量功绩，声色俱厉，怨这怨那，甚至有人以宰相的缺点作为要挟，以此获得酬谢；有人喧哗吵闹，混淆视听，以求得早日被任用。凭借这种手段得到官职，并声称这是他们的才能，这与偷食吃饱、窃衣防寒有什么不同？人们看到那些奔走钻营而获取官职的人，说："不去索取，怎么能有收获？"殊不知，时运到来之时，不索取也会到来的。人们看到那些恬静退让而没有得到官职的人，说："不去争取，怎么能成功？"殊不知，时运未到来，纵然去追求也是徒劳。世上那些不求而得，求而未得的事例，多得不可胜数。

北齐末年，那些想当官的人，大多数使用钱财托附外家，通过得宠的女子去拜求请托。那些当上官的人，官印绶带是那么光艳华丽，高车大马是那么的辉煌显赫。他们的荣耀延及九族，富贵标榜一时。但是一旦遭到执政者的怨恨，随之而来的是被侦探调查，那因利而得到的，必然要因利而致危，稍微沾染一点世俗的不良风气，便被认为是背离了为官应有的严肃公正，仕途中的陷阱很深，仕途中的创痛也很难平复，纵然能够免去一死，也免不掉家道败落的结局。那时，后悔也就来不及了。从北方到南方，我从未对别人谈起过自己的身世地位，这样即使不能富贵显达，也不会招来怨恨。

王子晋说："帮助厨官做菜，可得美味品尝；帮助别人争斗，难免要被打伤。"意思是说，看见别人做好事，就应当去参加；看见别人做坏事，就应当避开，不要拉帮结伙干坏事。凡是对人有害的事，都不要参与。然而，当走投无路的小鸟投入怀中，仁慈的人都会怜悯它；何况视死如归的勇士来投奔我，我能抛弃他吗？伍员托渔夫摆渡相救，季布被隐藏在广柳车中，孔融救张俭，孙嵩藏赵岐，这些事例被前人看重，也是我所奉行的，就算因此而得罪权贵，死也心甘。至于像郭解替人报仇，灌夫怒责田蚡为朋友争地，都是游侠一类人的行为，决不是君子所为。如果大逆不道、犯上作乱，并为此而得罪国君和父母的，就更不值得同情了。亲友迫于危难，就不应该吝惜自己的财力人力；但是如果有人不怀好心，无理请求，那就不值得去同情了。墨子等人，世人称他们为“热腹”；杨朱等人，世人称他们为“冷肠”。肠不可冷，腹不应热，应当用仁义来规范修饰自己的言行。

从前我在修文令曹，有山东学士和关中太守争论历法，共十几个人，乱腾腾地争了好几年没有结果，内史下公文交付议官评定。我发表了自己的看法：“各位先生所争论的，大抵可分为四分律和减分律两家。历象的要求，可以用日晷仪的影子来测定。现在以此来检验两种历法的春分、秋分、夏至、冬至以及日食、月食的现象，可以看出四分律比较疏略而减分律比较细密。疏略的声称政令有宽大和严厉之别，日月的运行也相应地有超前或不足，这并不是历法计算的误差；细密的主张日月的运行虽然有快有慢，但用正确的方法来计算，仍可预知它的运行情况，并不存在什么灾祥之说。如果采用疏略的四分律，就可能隐藏伪诈失去真实；而使用细密的减分律，就可能顺应了天象却违背了经义。更何况，议官所了解的，不可能比争论的双方更深，以学识浅薄的人去裁判学识精深的人，哪能让人服气呢？既然此事不属于法令的范畴，就不要让我们议官来裁决了。”整个官署的人不论地位高低，都同意我的看法。有一位礼官认为这样做是一种耻辱，苦苦抓住这个问题，想方设法去强加考核。无奈他这方面的知识不足，无法进行测量。只是反反复复去采访争论的双方，想借以看出二者的优劣。他从早到晚聚会评议，寒来暑往，不胜劳苦，从春至冬，竟然毫无结果，可是抱怨责难之声一日比一日强烈，这位礼官只好抱愧告退，结果还被内史搞得十分窘迫，这就是好出风头所招来的耻辱。

止足第十三

【题解】 本篇的中心议题是“寡欲知足”，知足常乐。作者认为，无论是在物质生活方面，还是在仕宦追求方面，都不可要求太高，目标太大，应永远处于一种中等的水平，比上不足，比下有余，这样才可能远祸全身。当然，作者之所以得出这种结论，与他的饱经战乱不无关系。

《礼》云：“欲不可纵，志不可满。”宇宙可臻其极，情性不知其穷，唯在少欲止足，为立涯限尔。先祖靖侯戒子侄曰：“汝家书生门户，世无富贵；自今仕宦不可过二千石[①]，婚姻勿贪势家。”吾终身服膺，以为名言也。

天地鬼神之道，皆恶满盈。谦虚冲损，可以免害。人生衣趣以覆寒露[②]，食趣以塞饥乏耳。形骸之内，尚不得奢靡，已身之外，而欲穷骄泰邪？周穆王、秦始皇、汉武帝，富有四海，贵为天子，不知纪极[③]，犹自败累，况士庶乎？常以二十口家，奴婢盛多，不可出二十人，良田十顷，堂室才蔽风雨，车马仅代杖策，蓄财数万，以拟吉凶急速[④]。不啻此者[⑤]，以义散之；不至此者，勿非道求之。

仕宦称泰[⑥]，不过处在中品，前望五十人，后顾五十人，足以免耻辱，无倾危也。高此者，便当罢谢，偃仰私庭[⑦]。吾近为黄门郎，已可收退；当时羁旅，惧罹谤讟[⑧]，思为此计，仅未暇尔。自丧乱已来，见因托风云，侥幸富贵，旦执机权[9]，夜填坑谷，朔欢卓、郑[10]，晦泣颜、原者[11]，非十人五人也。慎之哉！慎之哉！

【注释】 ① 二千石：汉制，郡守的俸禄为二千石。后世常以“二千石”来代指地方郡守级的官员。

② 趣：求。

③ 纪极：极限。

④ 吉凶：婚事与丧事。 急速：突然发生的变故。

⑤ 不啻此者：超过这个限度。

⑥ 泰：极点。

⑦ 偃仰私庭：在家中安居。

⑧ 谤讟（dú）：诽谤。

⑨ 机权：权力。

⑩ 卓、郑：卓即卓氏，战国时秦、汉间大商人，靠冶铁成巨富，家僮千人。郑即程郑，汉代初年大工商主，靠冶铸铁器卖与西南少数民族而致富。

⑪ 颜、原：颜即颜渊，春秋末年鲁国人，名回，字子渊，孔子的学生。原即原宪，春秋时鲁国人，字子思，孔子学生。颜渊与原宪安贫乐道，后代用以泛指贫寒之士。

【译文】 《礼记》上说：“欲望不可放纵，志向不可满足。”天地之大，还有个边缘，人的惰性却没有尽头。只有寡欲而知足，才可以划定一个界限。先祖靖侯曾告诫子侄们：“你们家是书生门户，祖祖辈辈没有大富大贵过；从现在起，你们做官，不可做超过秩二千石的官职；你们成婚，不可攀附权势豪门。”我对这番话，终身信奉，牢记在心，且把它当作至理名言。

自然的法则，都憎恶满盈。谦虚淡泊，可以免灾去祸。人生在世，只要衣服能御寒、饮食能充饥，就可以了。在衣、食这些与身体密切相关的事物上，尚且不应该奢侈浪费，更何况身外之事，有什么必要去穷奢极欲呢？周穆王、秦始皇、汉武帝，他们富有四海，贵为天子，不知满足，到头来都招致败损，何况一般人呢？我一直认为，一个二十口之家，奴婢再多也不应超过二十人，良田只需十顷，房屋只求遮风挡雨，车马只求能够代步，积蓄几万钱财，以备婚丧急用。超过这些数量，就该仗义疏财；达不到这些数量，也不可以用不正当的手段去索取。

我认为做官的极致，处于中等品级就足够了。向前看有五十个人，向后看也有五十个人，这样足以免去耻辱，又不会有风险了。高于中品的官职，就应当婉言辞谢，闭门安居。我近来担任黄门侍郎，已经想到告退了，只是客居他乡，怕遭人攻击诽谤，有这样的打算，却没有这样的机会。自从天下大乱以来，那些乘时而起，侥幸富贵的人，早上还在执掌大权，晚上已经尸骨填坑了，月初还因富豪而快乐，月末已因贫寒而悲泣，有这种遭际的人何止十个五个呢。千万当心啊！千万当心啊！

诫兵第十四

【题解】 作者在六十多年的人生中，身历四朝，每一朝代的兴衰都是与兵祸相始终的。所以，遭逢乱世的他对用兵有一种本能的反对和排斥，谆谆告诫子孙不要以习武从戎为事。

颜氏之先，本乎邹、鲁，或分入齐，世以儒雅为业，遍在书记。仲尼门徒，升堂者七十有二[①]，颜氏居八人焉。秦、汉、魏、晋，下逮齐、梁，未有用兵以取达者。春秋世，颜高、颜鸣、颜息、颜羽之徒，皆一斗夫耳。齐有颜涿聚，赵有颜冣，汉末有颜良，宋有颜延之[②]，并处将军之任，竟以颠覆。汉郎颜驷，自称好武，更无事迹。颜忠以党楚王受诛，颜俊以据武威见杀，得姓已来，无清操者，唯此二人，皆罹祸败。顷世乱离[③]，衣冠之士[④]，虽无身手，或聚徒众，违弃素业，侥幸战功。吾既羸薄[⑤]，仰惟前代，故置心于此，子孙志之。孔子力翘门关，不以力闻，此圣证也。吾见今世士大夫，才有气干[⑥]，便倚赖之，不能被甲执兵，以卫社稷；但微行险服[⑦]，逞弄拳腕，大则陷危亡，小则贻耻辱，遂无免者。

国之兴亡，兵之胜败，博学所至，幸讨论之。入帷幄之中，参庙堂之上[⑧]，不能为主画规，以谋社稷，君子所耻也。然而每见文士，颇读兵书，微有经略。若居承平之世，睥睨宫阃[⑨]，幸灾乐祸，首为逆乱，诖误善良[⑩]；如在兵革之时，构扇反覆[⑪]，纵横说诱，不识存亡，强相扶戴：此皆陷身灭族之本也。诫之哉！诫之哉！

习五兵[12]，便乘骑，正可称武夫尔。今世士大夫，但不读书，即称武夫尔，乃饭囊酒瓮也。

【注释】 ① 升堂：升堂入室。比喻造就很高。

② 颜延之：南朝宋临沂人，字延年，官至金紫光禄大夫。文章为当时之冠，与谢灵运齐名。这里说颜延之以领兵颠覆，不符史实。疑衍一“之”字，当作颜延。颜延为东晋末年王恭的将领，被刘牢之所杀，见《宋书·刘敬宣传》。所以全句“宋有颜延之”当作“晋有颜延”。

③ 顷世：近世。

④ 衣冠之士：指士大夫。

⑤ 羸薄：身体单薄。

⑥ 气干：才干。

⑦ 险服：武士或剑客所穿的衣服。

⑧ 庙堂：朝廷。

⑨ 宫阃（kǔn）：帝王的后宫。

⑩ 诖（guà）误：贻误。

⑪ 构扇：煽动挑拨。

⑫ 五兵：五种兵器，戈、殳、戟、酋矛、夷矛。

【译文】 颜氏的祖先，祖居邹国、鲁国，又有一分支迁到齐国，世世代代都是以儒雅为业，这在书籍中随处都有记载。孔子的学生，学问精深的七十二人中，颜氏家族就占了八人。从秦、汉、魏、晋，直到南朝的齐、梁，颜氏家族中没有靠用武而扬名的。春秋时期，有颜高、颜鸣、颜息、颜羽等人，都是一介武夫。齐国有颜涿聚，赵国有颜冣，汉末有颜良，东晋有颜延，都担任过将军之职，最终却因此遭祸。汉朝的颜驷，自称好武，却未见他有事迹流传下来。颜忠因与楚王结党被杀，颜俊因割据武威被杀，自从有颜姓以来，没有节操的，只有这两个人，他们都遭到了杀身之祸。近来天下乱离，士大夫虽然没有武艺，却也聚集众徒，放弃一贯的儒业，想侥幸求得战功。我的身体既如此单薄，又想到前人好兵致祸的教训，所以把心思全放在读书仕宦上面，希望子子孙孙都要记住这一点。孔子的力气可举起城门的门栓，却不以武力闻名于世，这是圣人为我们树立的榜样啊。我看见当今的士大夫，以小有才干自恃，又不能身披铠甲手执兵器去保家卫国；只知穿上武士的服装，行踪神秘，卖弄拳勇，大则身陷危亡，小则自取其辱，竟没有一人能幸免。

国家的兴亡、战争的胜败，对这个问题具备渊博的学识之时，也可以讨论。进入国家决策机关，参预朝廷大事，却不能为君主尽谋划之责以造福社会，君子应引以为耻。我常见一些文士，兵书读得很少，兵法只是略知一二。在太平盛世，他们窥视宫廷，为出现动乱而幸灾乐祸，带头犯上作乱，连累善良。在战乱时期，他们到处煽动，到处游说，反复无常，不懂得存亡的趋向，却强行拥戴反王。这些都是杀身灭族的祸根，一定要警惕！一定要警惕！

熟悉五种兵器，擅长骑马，才可称作武夫。现在的士大夫，只要不读书，就可称作武夫，实际上是酒囊饭袋啊！

养生第十五

【题解】 关于“养生”，作者有如下观点：第一，养生的前提是“全身保性”，所以要力避祸患加身；第二，主张养生从“爱养神明，调护气息，慎节起卧，均适寒暄，禁忌饮食，将饵药物”等力所能及的方面做起，应该是一个长期的过程；第三，对于生命的正确态度，应是“不可不惜，不可苟惜”，既不去无谓地冒险，丢掉性命，又不可因贪恋生命而置忠孝仁义等于不顾。

神仙之事，未可全诬；但性命在天，或难种植[①]。人生居世，触途牵絷[②]：幼少之日，既有供养之勤；成立之年，便增妻孥之累。衣食资须，公私驱役；而望遁迹山林，超然尘滓，千万不遇一尔。加以金玉之费[③]，炉器所须，益非贫士所办。学如牛毛，成如麟角。华山之下，白骨如莽，何有可遂之理？考之内教[④]，纵使得仙，终当有死，不能出世，不愿汝曹专精于此。若其爱养神明，调护气息，慎节起卧，均适暄寒，禁忌食饮，将饵药物，遂其所禀，不为夭折者，吾无间然[⑤]。诸药饵法，不废世务也。庾肩吾常服槐实，年七十余，目看细字，须发犹黑。邺中朝士，有单服杏仁、枸杞、黄精、术、车前得益者甚多，不能一一说尔。吾尝患齿[⑥]，摇动欲落，饮食热冷，皆苦疼痛。见《抱朴子》牢齿之法，早朝建齿[⑦]，三百下为良；行之数日，即便平愈，今恒持之。此辈小术，无损于事，亦可修也。凡欲饵药，陶隐居《太清方》中总录甚备，但须精审，不可轻脱[8]。近有王爰州在邺学服松脂[9]，不得节度，肠塞而死，为药所误者甚多。

夫养生者先须虑祸，全身保性，有此生然后养之，勿徒养其无生也。单豹养于内而丧外，张毅养于外而丧内[10]，前贤所戒也。嵇康著《养生》之论，而以傲物受刑；石崇冀服饵之征，而以贪溺取祸，往世之所迷也。

夫生不可不惜，不可苟惜。涉险畏之途，干祸难之事，贪欲以伤生，谗慝而致死，此君子之所惜哉；行诚孝而见贼[11]，履仁义而得罪，丧身以全家，泯躯而济国，君子不咎也。自乱离已来，吾见名臣贤士，临难求生，终为不救，徒取窘辱，令人愤懑。侯景之乱，王公将相，多被戮辱，妃主姬妾，略无全者。唯吴郡太守张嵊，建义不捷[12]，为贼所害，辞色不挠；及鄱阳王世子谢夫人，登屋诟怒，见射而毙。夫人，谢遵女也。何贤智操行若此之难？婢妾引决若此之易[13]？悲夫！

【注释】 ① 种植：单靠人力延长寿命。

② 牵縶（zhí）：牵累。

③ 金玉之费：指丹药所需之费用。

④ 内教：指佛教。

⑤ 无间然：没有异议，没有意见。

⑥ 患齿：牙痛。

⑦ 建齿：指上下叩齿。

⑧ 轻脱：轻率从事。

⑨ 松脂：松树树干所分泌的树脂。

⑩ 单豹、张毅：《庄子·达生》中的两个人。单豹独居山岩之上，活了七十岁，却有着婴儿般的容颜，后来为饿虎所食；张毅注重交结官

绅朋友，却在四十岁时因染内热病而死去。

⑪ 见贼：被杀害。

⑫ 建义：即“见义勇为”。　不捷：未能取胜。

⑬ 引决：引领就决，从容就义。

【译文】　得道成仙的事，并非全是假的。只是人的性命取决于上天，恐怕难以单靠人力延长寿命。人活在世上，处处都要受到牵绊：青少年时代，已经有了供养父母的辛劳；成年以后，又增添了妻子儿女的拖累。此外，还得解决吃饭穿衣的费用，还要为公事私事四处奔波。在这种情况下，期望隐居山林，超脱于尘世之外，在千万人中也难找到一个。加上炼制丹药所需费用、器具，更不是一般穷人所能办到的。所以历代学道求仙者多如牛毛，但成功者却像凤毛麟角一样稀少。华山之下，那些学道求仙的人，白骨累累如同野草，哪有轻易称心如意的道理？考察佛教典籍，得知纵使人成仙，最终还得死去，并不能摆脱尘世的束缚。因此，我不希望你们把心思放在这上面。如果你们能养护精神，调理气息，起居规律，穿衣适度，饮食节制，服用有益身体的药物，能达到上天赋予一般人的自然寿数，不至于中途夭折，那我就没有什么可说的了。明了各种服药之法，并不影响人世上的各种事务。庾肩吾经常服用槐实，他到了七十多岁，眼睛还能看见小字，头发胡须还是黑的。邺中的朝臣，有人单服杏仁、枸杞、黄精、术、车前，从中获得益处，在此不能一一细说。我曾经患有牙病，摇动得快要掉下来，饮食过冷过热都会引起疼痛。后来看见《抱朴子》中讲述的固齿之法，说早上叩齿三百下可以见效，我坚持了几天，牙病就好了，现在我还坚持这么做。这样的治病小偏方，对于我们并无妨害，是可以学习的。你们如果要服药养生，陶弘景的《太清方》记录的药方十分完备，但要精选适当的方子，不要轻率从事。最近有位叫王爱州的，在邺城效仿别人服用松脂，由于没有节制，导致肠阻塞而死，这种被药物贻误的例子也不少。

善于养生的人首先应该避免灾祸，保住身家性命，有了这个性命，然后才得以保养它，不要只是保养不存在的生命。单豹善于保养身心，却因外部的灾祸而丧生；张毅善于避免外部的灾祸，却因体内发病而丧生，这是前代贤人引为戒鉴的。嵇康著有《养生论》一书，却因傲慢而遭杀戮；石崇希望通过服药而益寿延年，却因贪恋钱财美女而遭到杀身之祸。这些都是前代人不明事理的例子。

人的生命不能不珍惜，也不能只是吝惜。走上危险的道路，卷入灾祸的事件，贪图情欲而损伤身体，遭到谗言而送掉性命，君子应予避免，不应该做这些事情。如果奉行忠孝而被杀害，施行仁义而获罪责，舍身以保全家庭，捐躯以挽救国家，在这些事情上君子是不吝惜生命的。乱离以来，我看到那些名臣贤士，面对危难，苟且偷生，最终不能获救，白白地自取其辱，真令人愤懑。侯景之乱，王公将相大多数受辱被杀，妃主姬妾，几乎没人得以保全。只是吴郡太守张嵊，统率军队讨伐乱军，没有取胜，被敌军杀害之时，临危不惧，一派凛然正气。鄱阳王的世子萧嗣之妻谢夫人，登上屋顶怒斥群贼，被箭射死。谢夫人是谢遵的女儿。为什么那些贤德智慧的王公将相保守操行是如此困难，而那些婢女侍妾杀身成仁从容就死是如此容易？两相对照，真是可悲！

归心第十六

【题解】 本篇论述的主题是佛教。由于作者是一个虔诚的佛教徒，所以他认为佛教博大精深，佛、儒作为内、外两教，基本道理是相通的，不应该“归周、孔而背释宗”。文中还列举归纳了人们攻击佛教的五种情形，逐一加以批判和辩驳。以今天的科学发展水准来反观颜氏的观点，就可发现他的许多看法是幼稚的，甚至是荒谬的。但其儒、佛兼容的精神，还是难能可贵的。同时，本篇也从一个侧面反映了南北朝时期佛教的盛行及对士大夫的深刻影响。

三世之事[①]，信而有征，家世归心，勿轻慢也。其间妙旨，具诸经论[②]，不复于此，少能赞述；但惧汝曹犹未牢固，略重劝诱尔。

原夫四尘五荫[③]，剖析形有；六舟三驾，运载群生：万行归空[④]，千门入善[⑤]，辩才智惠，岂徒《七经》、百氏之博哉？明非尧、舜、周、孔所及也。内外两教，本为一体，渐极为异，深浅不同。内典初门，设五种禁[⑥]；外典仁义礼智信，皆与之符。仁者，不杀之禁也；义者，不盗之禁也；礼者，不邪之禁也；智者，不酒之禁也；信者，不妄之禁也。至如畋狩军旅，燕享刑罚，固民之性，不可卒除，就为之节，使不淫滥尔。归周、孔而背释宗，何其迷也！

俗之谤者，大抵有五：其一，以世界外事及神化无方为迂诞也；其二，以吉凶祸福或未报应为欺诳也；其三，以僧尼行业多不精纯为奸慝也[7]；其四，以糜费金宝减耗课役为损国也；其五，以纵有因缘如报善恶，安能辛苦今日之甲，利益后世之乙乎？为异人也。今并释之于下云。

释一曰：夫遥大之物[8]，宁可度量？今人所知，莫若天地。天为积气，地为积块，日为阳精，月为阴精，星为万物之精，儒家所安也。星有坠落，乃为石矣。精若是石，不得有光，性又质重，何所系属？一星之径，大者百里，一宿首尾，相去数万；百里之物，数万相连，阔狭从斜[9]，常不盈缩。又星与日月，形色同尔，但以大小为其等差；然而日月又当石也？石既牢密，乌兔焉容？石在气中，岂能独运？日月星辰，若皆是气，气体轻浮，当与天合，往来环转，不得错违，其间迟疾，理宜一等；何故日月五星二十八宿，各有度数，移动不均？宁当气坠，忽变为石？地既滓浊，法应沉厚，凿土得泉，乃浮水上；积水之下，复有何物？江河百谷，从何处生？东流到海，何为不溢？归塘尾闾，渫何所到？沃焦之石，何气所然？潮汐去还，谁所节度？天汉悬指，那不散落？水性就下，何故上腾？天地初开，便有星宿；九州未划，列国未分，翦疆区野，若为躔次？封建已来，谁所制割？国有增减，星无进退，灾祥祸福，就中不差；乾象之大[10]，列星之伙，何为分野，止系中国？昴为旄头，匈奴之次：西胡、东越，雕题、交阯，独弃之乎？以此而求，迄无了者，岂得以人事寻常，抑必宇宙外也。

凡人之信，唯耳与目；耳目之外，咸致疑焉。儒家说天，自有数义：或浑或盖，乍宣乍安。斗极所周，管维所属，若所亲见，不容不同；若所测量，宁足依据？何故信凡人之臆说，迷大圣之妙旨，而欲必无恒沙世界、微尘数劫也[11]？而邹衍亦有九州之谈。山中人不信有鱼大如木，海上人不信有木大如鱼；汉武不信弦胶，魏文不信火布；胡人见锦，不信有虫食树吐丝所成；昔在江南，不信有千人毡帐，及来河北，不信有二万斛船。皆实验也[12]。

世有祝师及诸幻术，犹能履火蹈刃，种瓜移井，倏忽之间，十变五化。人力所为，尚能如此；何况神通感应，不可思量，千里宝幢，百由旬座，化成净土，踊出妙塔乎？

释二曰：夫信谤之征，有如影响[13]；耳闻目见，其事已多，或乃精诚不深，业缘未感，时傥差阑，终当获报耳。善恶之行，祸福所归。九流百氏，皆同此论，岂独释典为虚妄乎？项橐、颜回之短折，伯夷、原宪之冻馁，盗跖、庄蹻之福寿，齐景、桓魋之富强，若引之先业，冀以后生，更为通耳。如以行善而偶钟祸报，为恶而傥值福征，便生怨尤，即为欺诡；则亦尧、舜之云虚，周、孔之不实也，又欲安所依信而立身乎？

释三曰：开辟已来[14]，不善人多而善人少，何由悉责其精洁乎？见有名僧高行，弃而不说；若睹凡僧流俗，便生非毁。且学者之不勤，岂教者之为过？俗僧之学经律，何异士人之学《诗》《礼》？以《诗》《礼》之教，格朝廷之人，略无全行者；以经律之禁，格出家之辈，而独责无犯哉？且阙行之臣[15]，犹求禄位；毁禁之侣，何惭供养乎？其于戒行，自当有犯。一披法服，已堕僧数，岁中所计，斋讲诵持，比诸白衣[16]，犹不啻山海也。

释四曰：内教多途，出家自是一法耳。若能诚孝在心，仁惠为本，须达、流水，不必剃落须发；岂令罄井田而起塔庙，穷编户以为僧尼也？皆由为政不能节之，遂使非法之寺，妨民稼穑；无业之僧，失国赋算，非大觉之本旨也。抑又论之：求道者，身计也；惜费者，国谋也。身计国谋，不可两遂。诚臣徇主而弃亲[17]，孝子安家而忘国，各有行也，儒有不屈王侯高尚其事，隐有让王辞相避出山林；安可计其赋役，以为罪人？若能偕化黔首，悉入道场，如妙乐之世，穰佉之国，则有自然稻米，无尽宝藏，安求田蚕之利乎？

释五曰：形体虽死，精神犹存。人生在世，望于后身似不相属；及其殁后，则与前身似犹老少朝夕耳。世有魂神，示现梦想，或降童妾，或感妻孥，求索饮食，征须福祐，亦为不少矣。今人贫贱疾苦，莫不怨尤前世不修功业；以此而论，安可不为之作地乎[18]？夫有子孙，自是天地间一苍生耳，何预身事？而乃爱护，遗其基址，况于己之神爽，顿欲弃之哉？凡夫蒙蔽，不见未来，故言彼生与今非一体耳；若有天眼，鉴其念念随灭，生生不断，岂可不怖畏耶？又君子处世，贵能克己复礼，济时益物。治家者欲一家之庆，治国者欲一国之良，仆妾臣民，与身竟何亲也，而为勤苦修德乎？亦是尧、舜、周、孔虚失愉乐耳。一人修道，济度几许苍生？免脱几身罪累？幸熟思之！汝曹若观俗计，树立门户，不弃妻子，未能出家；但当兼修戒行，留心诵读，以为来世津梁[19]，人生难得，无虚过也。

【注释】 ① 三世：佛教认为有过去、现在、未来三世。

② 经论：指佛教典籍和经义解释。

③ 四尘：佛教称色、香、味、触为四尘。 五荫：指色（组成身体与世界之物质）、受（随感官而生的情感）、想（表象）、行（意志活动）、识（意识）。

④ 万行归空：通过各种途径的修行而皈依空门。

⑤ 千门：千法名门的略称，指各种修行方法。

⑥ 五种禁：即五戒，去杀、盗、淫、妄言、饮酒。

⑦ 不精纯：不清白。

⑧ 遥大：遥远而庞大。

⑨ 阔狭：宽窄。 从斜：纵横。

⑩ 乾象：天象。

⑪ 微尘：极其细微的物质。

⑫ 实验：实际存在的验证。

⑬ 影响：影子与回响。

⑭ 开辟已来：开天辟地以来。已，以。

⑮ 阙行：缺乏品行。

⑯ 白衣：佛教徒穿黑衣，故称世俗之人为白衣。

⑰ 徇：通“殉”。献身。

⑱ 作地：积德行善，创造福地。

⑲ 津梁：渡口或桥梁。引申为过渡的方法。

【译文】 佛家所讲的过去、现在、未来“三世”的事情，是可靠而有根据的。我们家世代信奉佛教，不能对此抱无所谓的态度。佛教的精妙内容，都载于各种经、论之中。在这里，我不用多加赞颂了，我只怕你们对佛教的信念不够牢固，所以对你们要稍作劝勉。

推究四尘（色、香、味、触）和五荫（色、受、想、行、识）的道理，剖析万物的奥妙，借助六舟（布施、持戒、忍辱、精进、静虑、智慧）和三驾（声闻、缘觉、菩萨），去普度众生：通过种种戒行归于空，通过种种法门臻于善。其中的辩才与智慧，难道只有儒家“七经”和诸子百家的学问堪称广博？佛教的境界，显然不是尧、舜、周公、孔子所能赶上的。佛学作为内教，儒学作为外教，两者本来互为一体。只是教义不同，深浅有异。佛教经典的初学门径，设有五种禁戒，而儒家经典所讲的仁、义、礼、智、信，都与它们相合。仁就是不杀生的禁戒，义就是不偷盗的禁戒，礼就是不淫乱的禁戒，智就是不酗酒的禁戒，信就是不虚妄的禁戒。至于像狩猎、征战、饮宴、刑罚等行为，都应顺随着百姓的天性，不能一下子把它们根除掉，只能对它们加以节制，使它们不致泛滥成灾。崇尚周、孔之道义而违背佛教的宗旨，是多么糊涂啊！

世俗对佛教的诽谤，大概有五种：第一，认为佛教所讲的现实世界之外的世界以及那些神异离奇的事，是迂阔荒诞的；第二，认为人世间的吉凶祸福和因果报应是欺人之谈；第三，认为和尚、尼姑这个行当的人多数是不清白的，寺庙尼庵为隐藏奸邪之所；第四，认为佛家耗费金银钱财又不纳税服役，有损于国家利益；第五，认为即使真有因果报应之事，也是善有善报，恶有恶报，怎么能让今天的某甲辛辛苦苦，而让后世的某乙坐享其成呢？某甲与某乙可真是两个不同的人啊。现在，我对上述五种责难解释如下。

对第一种责难的解释是：对极远极大的东西，怎么能够测量呢？现在人们所知道的，最大的莫过于天地了。天是气体堆积而成的，地是土块堆积而成的，太阳是阳刚之气的精华，月亮是阴柔之气的精华，星星是宇宙万物的精华，这是儒家承认的说法。星星有时会坠落下来，掉到了地上，就变成了石头；精华如果是石头的话，就不该有光亮，而石头的特质又很沉重，究竟靠什么把它系挂在天上呢？一颗星星的直径，大的有一百里之长，一个星座的长度，首尾相距万里之遥。直径百里的物体，在天空里万里相连，它们形状的宽窄、排列的纵横，保持着定势而没有盈缩的变化。另外，星星与太阳、月亮相比，它们的形状、色泽都相同，只是大小有差别。既然如此，那么太阳、月亮也该是石头吧？石头是多么的坚硬，乌鸦、白兔又是怎样在石头上面存身的？而且，石头在大气中又是怎么自行运转的？如果太阳、月亮和星星都是气体，气体很轻浮，那么它们就应该与天空合为一体，来回运转，没有误差，这里速度的快慢，按理说应该一样，但为什么太阳、月亮、五星、二十八宿的运行各有各的度数，速度并不一样？难道作为气体的星星，掉到地上就变成石头了吗？大地既然是浊气下降所凝成的物质，按理说应该是沉重而厚实的，可是向地下挖掘，就可以挖出泉水，说明大地是浮在水上的，那么水下又是什么东西呢？江河泉水从哪里发源？它们东流入海，那么海水为什么不溢出来呢？据说，归塘尾闾，是海水的流归之处，那么它们最终又流到哪里去了？如果说海水是被海沃焦山的石头烧干，那石头又是被什么气体给点燃的？潮汐涨落，是谁控制？银河悬落在高空，为什么不落下来呢？水的特性是往低处流，为什么又会上升到天空中去？开天辟地之时，就有星宿了，那时九州尚未划分，列国也没有出现，那么，当时天上的星宿又是如何运行的呢？分邦建国以来，又是谁对它们进行分封割据的呢？地上的国家有增有减，天上的星宿却始终不变，其中，人世间的吉凶祸福层出不穷。天空之大，星宿之多，为什么以天上星宿的位置，来划分州郡的区域仅限于中原一带呢？被称作旄头的昴星是代表胡人的，它所指示的方向，正是匈奴的疆域，那么，像西胡、东越、雕题、交阯这些地区，就被上天所抛弃了吗？诸如此类的问题，至今无人能弄明白，难道可以用寻常的人事道理解释吗？难道不是必须到宇宙之外去寻求解答？

一般人只相信眼睛所见到的、耳朵所听到的事物，除此之外，一概怀疑。儒家对天的看法就有好几种：有的认为天包着地，有的认为天盖着地，有的认为日月星辰飘浮在虚空之中，有的认为天际与海水相接。此外，还有人认为北斗七星绕着北极星转动，是靠斗枢作为转动轴。以上种种说法，如果是人们能亲眼所见，就不应该如此不同；如果是凭推测估量，那么怎么引以为证呢？我们为什么要相信平凡人的臆测之说，而怀疑佛门学说的精深含义呢？为什么就认定绝对没有像恒河中的沙粒那么众多的世界，怀疑世间一粒微小的尘埃也要经历几次劫难的说法呢？邹衍也认为除了作为“赤县神州”的中国之外，世上还有其他九州呢。山里的人不相信有像树木那么大的鱼；海上的人也不相信有像鱼一样大的树木；汉武帝不相信世上有一种能粘合弓弦刀剑的胶；魏文帝不相信能在火上烧掉污垢的布。胡人看到锦缎，不相信这是一种吃了桑叶的小虫吐出丝来造成的；从前我在江南的时候，不相信世上能有容纳一千人的毡帐，等来到河北后，不信有能装载两万斛货物的大船：这两件事都是我亲身经历的。

世间有巫师及懂得各种幻术的人，他们能穿行火焰、走过刀山，种下一粒瓜籽瞬间就可采摘果实，连水井也可以随意移动，转眼之间，千变万化。

人的力量尚且如此神奇，更何况神佛施展其本领，那种神奇变幻真是不可思议：那些高达千里的幢旗，广达数千里的莲座，变化出佛教的极乐世界，刹那间，那高达两万里的七宝塔会从地下冒出来。

对第二种责难的解释是：我相信那些诽谤佛教因果报应的说法是有证据的，就像影之随形、响之应声一样。这类事，我眼见耳听的非常多了。有时报应之所以没有到来，或许是当事人的精诚不足，“业”与“果”尚未发生感应的缘故。倘若如此，则报应就有迟早的区别，或迟或早，终究会发生。一个人的善行与恶行，将分别会招致福与祸的报应。中国的九流百家，都持有与此相同的看法，为什么单单认为佛经所讲的是虚妄的呢？像项橐、颜回的短命而死，伯夷、原宪的受冻挨饿；盗跖、庄蹻的幸福长寿，齐景公、桓魋的富足强大，如果我们把这些看作是他们先辈的善业或恶业的报应，或者是把他们的善业或恶业报应在他们的后代身上，这就讲通了。如果看到有人行善却偶然遭祸，为恶却意外得福，你就会产生怨尤之心，认为佛教所讲的因果报应只是一种欺诈蒙骗行为，那就好比是在指责尧、舜之事是虚假的，周公、孔子也不可靠，那你又相信什么，靠什么立身行事？

对于第三种责难的解释是：自从开天辟地有了人类以来，不善良的人多而善良的人少，怎么能要求每一位僧尼都是高尚清白的人呢？看到名僧崇高的品行，却放在一旁不予称扬；如果看到凡僧的伤风败俗，就竭力诋毁。况且，受教育的人不勤勉，难道是教育者的过错吗？那些平庸的僧尼学习佛经，与士人学习《诗》《礼》有什么不同？如果用《诗》《礼》的教义去衡量朝廷中的官员，恐怕没有几个是完全符合标准的。同样，用佛经的戒律去衡量出家的僧尼，怎么能要求他们完全合乎要求呢？而且，那些品行很差的官员，仍然在获取高官厚禄，那么，违反禁律的僧尼坐享供养又有什么惭愧的呢？对于佛教的戒律，自然难免有触犯的时候，一旦披上法衣，加入僧侣的行列，僧尼们一年到头，吃斋念佛，比起世俗的人，两者的修养差距又不止是高山深海那么巨大了。

对于第四种责难的解释是：佛教修持的方法很多，出家为僧尼只不过是其中的一种罢了。如果一个人能把忠、孝放在心上，以仁、惠为立身的根本，像须达、流水两位长者那样，就不必非要剃掉须发去当僧人了；又何须把所有的田地全都用来建造宝塔寺庙，又何须把所有的在册人口叫去当和尚做尼姑呢？这都是因为执政者不能节制佛事，才使得那些非法而造的寺庙妨碍了百姓的耕作，使那些不事生产的僧人耗空了国家的税收，这可并非佛教救世的本旨！我还这样认为：追求妙道，是个人的打算；珍惜费用，是国家的谋划。个人打算与国家谋划，不能两全其美。忠臣以身殉主而舍弃了奉养双亲的责任，孝子为了家庭的安宁放弃了报效国家的职责，各人有各人的行为准则啊！儒家中有不为王侯贵族所屈、耿介清高的人，隐士中有辞去王侯、丞相的职位而隐避山林的人，我们怎么能算计这些人应承担的赋税、劳役，认为他们是逃避赋税的罪人呢？如果能感化所有的世人，让他们都信仰佛教，那么就会像佛经中所说的妙乐、穰佉等国度那样，有自然生长出来的稻米，有数不尽的宝藏，哪里用得着再去追求种田、养蚕所得的微利呢？

对于第五种责难的解释是：人的形体虽然死去，但精神依然存在。人活在世上时，遥想来世的事，觉得没有什么关系。等到死后，才发现自己与前身的关系就像老人与小孩，早晨与晚上的关系那样密切。世上确有死人的灵魂托梦的事，或托梦于童仆侍妾，或托梦于妻子儿女，向他们索取食物，求得福佑，这类事并不少见。现世的人在贫贱疾苦的处境中，没有不怨悔自己前世不能修功德的。从这一点来说，怎么能不修功德为来世留有余地呢？一个人有了儿孙，他与儿孙们都只不过是天地间的一个百姓而已，相互之间有什么关系？这个人尚且懂得爱护儿孙，把自己的家业遗留给他们，何况对于自己的灵魂，怎能舍弃不顾呢？凡夫俗子愚昧无知，不能预见来世，所以他们就认为来世与今生并非一体。如果能有一双天眼，让人们透视到生命由诞生到消亡，又由消亡到诞生，生死轮回，连绵不断，他们难道不会因此而感到畏惧吗？再说，君子生活在世界上，贵在克制自我，谨守礼仪，匡时救世，有益于人。管理家庭的人，希望全家幸福；治理国家的人，希望全国昌盛；而家中国中的仆人、侍妾、臣属、民众与自己有什么亲密关系，值得这样辛勤劳苦地替他们操持费心？这也正是像尧、舜、周公、孔子那样，是为了别人的幸福而牺牲自己的欢乐。一个人修身求道，可以拯救多少苍生？解脱多少人的罪累？希望你们认真地考虑这个问题。你们如果顾及世俗的责任，要成家立业，不抛弃妻子儿女，以至于不能出家为僧，也应当修养品行，恪守戒律，留心研读佛经，以此作为通往来世幸福的桥梁。人生是宝贵的，可不要虚度年华啊。

儒家君子，尚离庖厨，见其生不忍其死，闻其声不食其肉。高柴、折像，未知内教，皆能不杀，此乃仁者自然用心。含生之徒[①]，莫不爱命；去杀之事[②]，必勉行之。好杀之人，临死报验，子孙殃祸，其数甚多，不能悉录耳，且示数条于末。

梁世有人，常以鸡卵白和沐，云使发光，每沐辄破二三十枚。临死，发中但闻啾啾数千鸡雏声。

江陵刘氏，以卖鳝羹为业[③]。后生一儿，头俱是鳝，自颈以下，方为人耳。

王克为永嘉郡守，有人饷羊，集宾欲宴。而羊绳解，来投一客，先跪两拜，便入衣中。此客竟不言之，固无救请。须臾，宰羊为炙，先行至客。一脔入口，便下皮内，周行遍体，痛楚号叫。方复说之，遂作羊鸣而死。

梁孝元在江州时，有人为望蔡县令，经刘敬躬乱，县廨被焚，寄寺而住。民将牛酒作礼，县令以牛系刹柱[④]，屏除形象，铺设床坐，于堂上接宾。未杀之顷，牛解，径来至阶而拜，县令大笑，命左右宰之。饮啖醉饱，便卧檐下。稍醒而觉体痒，爬搔隐疹，因尔成癞，十许年死。

杨思达为西阳郡守，值侯景乱，时复旱俭[⑤]，饥民盗田中麦。思达遣一部曲守视[⑥]，所得盗者，辄截手腕，凡戮十余人。部曲后生一男，自然无手。

齐有一奉朝请，家甚豪侈，非手杀牛[⑦]，啖之不美。年三十许，病笃，大见牛来，举体如被刀刺，叫呼而终。

江陵高伟，随吾入齐，凡数年，向幽州淀中捕鱼。后病，每见群鱼啮之而死。

世有痴人，不识仁义，不知富贵并由天命。为子娶妇，恨其生资不足[⑧]，倚作舅姑之尊。蛇虺其性，毒口加诬，不识忌讳，骂辱妇之父母，却成教妇不孝己身，不顾他恨。但恨己之子女，不爱己之儿妇。如此之人，阴纪其过，鬼夺其算。慎不可与为邻，何况交结乎？避之哉[⑨]！

【注释】 ① 含生之徒：有生命的东西。

② 去杀：不杀生。

③ 鳝羹：黄鳝做成的汤。

④ 刹柱：幡柱，寺庙中悬挂旗幡的柱子。

⑤ 俭：这里指收成不好。

⑥ 部曲：亲兵。

⑦ 手：亲自。

⑧ 生资：指嫁妆。

⑨ 按最后一条与前几条文义不合。王利器谓《广弘明集》无此条，当从宋本，编入《涉务》篇。

【译文】 儒家的君子们，都远离厨房，因为他们如果看到禽兽活着的样子，就不忍心看见它们被杀掉；他们如果听见禽兽的惨叫声，就不忍心吃下它们的肉。像高柴、折像这两个人，他们并不懂佛教的教义，却能够不杀生，这是仁慈的人天生的善心。凡是有生命的生物，没有不爱惜生命的；不去杀生的事，你们一定要努力做到。好杀生的人，临死之时会遭到报应，甚至子孙也跟着遭殃。这样的事例很多，我不能一一抄录下来，现在姑且揭示几条于本篇之末。

梁朝有一个人，经常用鸡蛋清洗头发，说这样使头发光亮，每洗一次就要用去二三十只鸡蛋。当他临死之时，只听见他头发中传来几千只小鸡的啾啾叫声。

江陵的刘氏，以卖鳝鱼羹为生。后来她生下一个小孩，长了一个鳝鱼头，从颈部以下，才是人形。

王克任永嘉太守时，有人送给他一只羊，他便召集宾客举办宴会。把羊牵出来时，羊突然挣脱绳子，冲到一位客人面前，先跪下拜了两拜，而后钻到客人的衣服下面。这位客人竟然一言不发，坚决不替这只羊求情。过了一会，羊被拉出去杀了，做成烤肉端了上来，正好放到这位客人面前。他夹了一块羊肉放到口中，便觉得有毒素进入皮内，传遍全身。这位客人痛苦号叫，正要开口说明情况，不料发出的竟是羊叫声，随后就死去了。

梁孝元帝在江州的时候，有人在望蔡县当县令，当时正经历刘敬躬的叛乱，县衙被烧毁，县令就寄住在寺庙里。当地百姓送他一头牛和一些酒作礼物，县令命人把牛拴在刹柱上，搬走了佛像，铺设了坐席，就在佛堂上接待宾客。没开始杀牛的时候，那牛就挣脱绳子，径直跑到台阶前，向县令跪拜求情，县令大笑，命令身边人将牛拉下去宰了。吃饱牛肉喝足了酒，县令躺在屋檐下睡着了。醒后觉得身上发痒，就忙着用手到处抓痒。后来皮肤生了恶疮，十来年后就死了。

杨思达任西阳郡太守时，碰上了侯景之乱，又遭旱灾，饥民们便到田里偷麦子。杨思达就派一名亲兵去看守麦田。凡抓到偷麦子的人，就砍掉他们的手腕，共砍了十几个人。后来这个亲兵的妻子生了一个男孩，生下来就没有手。

齐朝有一位担任奉朝请的人，家中非常富有。他有一个怪癖：不是亲手宰杀的牛，吃起来总觉得味道不美。此人三十几岁时得了重病，恍惚中看见一群牛向他奔来，他觉得全身像刀割一样疼痛，最后痛苦号叫死去。

江陵的高伟，跟随我来到齐国。有好几年他都到幽州的湖里捕鱼吃。后来他生病了，常常看见一群一群的鱼来咬他，随后也死了。

世上有一种愚人，不懂仁义，也不知道富贵由天定，他为儿子娶媳妇时，恨媳妇的嫁妆太少，仗着自己当公婆的身份，心性像毒蛇一样，恶意辱骂媳妇，毫无忌讳，甚至还谩骂侮辱媳妇的父母。其实这是教媳妇不用孝顺自己，也不顾她的怨恨。这种人只知道疼爱自己的儿女，却不知道爱护自己的儿媳。像这样的人，阴曹地府要记载他们的过错，鬼神要减掉他们的寿命。你们千万不要跟这种人做邻居，更不用说与他们交朋友了，还是躲得远点吧！

书证第十七

【题解】 本篇所涉及的内容，包括文字、训诂、校勘等，具有极高的学术水平和学术价值。关于文字，他认为文字本身是随时代的发展而有所变化的，所以他既反对那种凡写字“必依小篆”的古板作法，也反对那种任意增减改换文字笔画的草率作法，认为应将二者正确加以结合。在训诂和校勘方面，颜氏不仅能引证群书，而且能以方言口语和实物进行印证，尤为可贵。

《诗》云：“参差荇菜。”《尔雅》云：“荇，接余也。”字或为莕。先儒解释皆云：水草，圆叶细茎，随水浅深。今是水悉有之[①]，黄花似莼，江南俗亦呼为猪莼，或呼为荇菜。刘芳具有注释。而河北俗人多不识之，博士皆以参差者是苋菜，呼人苋为人荇，亦可笑之甚。

《诗》云：“谁谓荼苦？”《礼》云：“苦菜秀。”《尔雅》《毛诗传》并以荼，苦菜也。又《礼》云：“苦菜秀。”案：《易统通卦验玄图》曰：“苦菜生于寒秋，更冬历春，得夏乃成。”今中原苦菜则如此也。一名游冬，叶似苦苣而细，摘断有白汁，花黄似菊。江南别有苦菜，叶似酸浆[②]，其花或紫或白，子大如珠，熟时或赤或黑，此菜可以释劳。案：郭璞注《尔雅》，此乃蘵，黄蒢也。今河北谓之龙葵。梁世讲《礼》者，以此当苦菜；既无宿根，至春方生耳，亦大误也。又高诱注《吕氏春秋》曰：“荣而不实曰英。”苦菜当言英，益知非龙葵也。

《诗》云："有杕之杜。"江南本并木傍施大，《传》曰："杕，独皃也[③]。"徐仙民音徒计反。《说文》曰："杕，树皃也。"在《木部》。《韵集》音次第之第，而河北本皆为夷狄之狄，读亦如字，此大误也。

《诗》云："駉駉牡马。"江南书皆作牝牡之牡，河北本悉为放牧之牧。邺下博士见难云："《駉颂》既美僖公牧于坰野之事，何限騲骘乎？"余答曰："案：《毛传》云：'駉駉，良马腹干肥张也[④]。'其下又云：'诸侯六闲四种：有良马、戎马、田马、驽马。'若作放牧之意，通于牝牡，则不容限在良马独得駉駉之称。良马，天子以驾玉辂[⑤]，诸侯以充朝聘郊祀，必无騲也。《周礼·圉人职》：'良马，匹一人。驽马，丽一人。'圉人所养[⑥]，亦非騲也；颂人举其强骏者言之，于义为得也。《易》曰：'良马逐逐。'《左传》云：'以其良马二。'亦精骏之称，非通语也。今以《诗传》良马，通于牧騲，恐失毛生之意，且不见刘芳《义证》乎？"

《月令》云："荔挺出。"郑玄注云："荔挺，马薤也。"《说文》云："荔，似蒲而小，根可为刷。"《广雅》云："马薤，荔也。"《通俗文》亦云马蔺。《易统通卦验玄图》云："荔挺不出，则国多火灾。"蔡邕《月令章句》云："荔似挺。"高诱注《吕氏春秋》云："荔草挺出也。"然则《月令注》荔挺为草名，误矣。河北平泽率生之。江东颇有此物，人或种于阶庭，但呼为旱蒲，故不识马薤。讲《礼》者乃以为马苋；马苋堪食，亦名豚耳，俗名马齿。江陵尝有一僧，面形上广下狭；刘缓幼子民誉，年始数岁，俊晤善体物[⑦]，见此僧云：

"面似马苋。"其伯父縚因呼为荔挺法师。縚亲讲《礼》名儒，尚误如此。

《诗》云："将其来施施。"《毛传》云："施施，难进之意。"郑《笺》云："施施，舒行皃也。"《韩诗》亦重为施施。河北《毛诗》皆云施施。江南旧本，悉单为施，俗遂是之，恐为少误。

《诗》云："有渰萋萋，兴云祁祁。"《毛传》云："渰，阴云皃。萋萋，云行皃。祁祁，徐皃也。"《笺》云："古者，阴阳和，风雨时，其来祁祁然，不暴疾也。"案：渰已是阴云，何劳复云"兴云祁祁"耶？"云"当为"雨"，俗写误耳。班固《灵台》诗云："三光宣精，五行布序，习习祥风，祁祁甘雨。"此其证也。

【注释】 ①是水：凡是有水之处。

②酸浆：种草。

③皃：古"貌"字。

④肥张：肥壮的样子。

⑤玉辂：以玉为饰的车，古代帝王所乘。

⑥圉人：养马人。

⑦俊晤：异常聪明。 体物：描写事物的形态。

【译文】 《诗经》说："参差荇菜。"《尔雅》解释说："荇，就是接余。"荇字有时也写作"莕"。前代的学者都解释说：荇菜是一种水草，圆叶细茎，随着水的深浅而生。现在凡有水的地方，都有它，它的黄花就像莼菜，江南民间把它叫做猪莼，也有人叫荇菜。刘芳对此也作过解释。可是河北地区的人大都不认识它，博士们把这种参差不齐的荇菜当成"苋菜"，把"人苋"叫做"人荇"，也实在是太可笑了。

《诗经》说："谁谓荼苦？"《尔雅》《毛诗传》都以荼为苦菜。《礼记》上又说："苦菜秀。"按：《易统通卦验玄图》说："苦菜生长在寒冷的秋天，经冬历春，到夏天才长成。”现在中原一带的苦菜就是这样的。它又名游冬，叶子像苦苣却比苦苣细小，摘断后有白色的液汁，花黄色似菊花。江南地区另外有一种苦菜，叶子像酸浆草，花有紫色有白色，结的果实有珠子那么大，成熟时颜色有红的有黑的，这种菜可以消除疲劳。按：郭璞注的《尔雅》中，认为这种苦菜就是蘵草，即黄蒢。现在河北地区把它叫做龙葵。梁朝讲解《礼记》的人，把它当作中原地区的苦菜，它既没有隔年的宿根，又是在春天里生长，这也是一个大的误解。另外高诱注的《吕氏春秋》说："只开花不结实的叫英。”苦菜的花就应当叫英，由此更加说明它不是龙葵。

《诗经》说："有杕之杜。”江南的版本“杕”字都是木字旁加一个“大”字。《毛诗传》解释说："杕，孤独的样子。”徐仙民为它注的音是“徒计”反切。《说文》上说："杕，树木的样子。”字在木部。《韵集》为它注的音是次第的“第”，而河北版都注为“夷狄”的“狄”字，读音也是“狄”字，这是一个大的错误。

《诗经》说："駉駉牡马。”江南的版本都写作“牝牡”的“牡”，而河北的版本全部写成“放牧”的“牧”。邺下博士向我提问："《駉颂》既然是歌颂鲁僖公在郊野放牧之事，为什么要局限于雄马、雌马呢？”我回答说："按：《毛诗传》的解释：‘駉駉，形容良马躯体肥壮的样子。’接着又说：‘诸侯有六个马厩四种马：良马、戎马、田马、驽马。’如果解释为‘放牧’之意，雄马雌马都能说通，那就不必仅限于良马才能用上‘駉駉’加以形容。良马，天子用它来驾车，诸侯用它朝见天子，去郊外祭祀天地，一定不会有雌马。《周礼·圉人职》说：‘良马，一个人驾一匹；驽马，一个人驾两匹。’圉人所养的良马，也不是雌马；歌颂一个人以他强壮的骏马作为对象，在道理上也妥当。《易经》说：‘良马逐逐。’《左传》说：‘以其良马二。’这也是专称精壮的骏马，并不是通称一般的马。现在把《毛诗传》的良马等同于牧马或雌马，恐怕违背了毛苌的本意，况且你们难道没有看见刘芳在《毛诗笺音义证》中对这个问题的阐释吗？”

《月令》说："荔挺出。”郑玄解释说："荔挺就是马薤。”《说文》解释说："荔像蒲而较小，根可以作刷子。”《广雅》说："马薤就是荔。”《通俗文》也称“荔”为“马蔺”。《易统通卦验玄图》说："荔草若是长不出来，国家就会有很多火灾。”蔡邕的《月令章句》说："荔草以它的茎儿冒出地面。”高诱注释《吕氏春秋》说：“荔草的茎儿冒出来。”这样看来，郑玄的《月令注》把“荔挺”作为草名是错误的。这种草在河北地区的沼泽里到处都有。江东地区却少有此草，有人把它种植在庭院里，管它叫旱蒲，所以就不知道“马薤”之名。讲解《礼记》的人把荔称为“马苋”；马苋是可以吃的，也叫豚耳，俗名马齿。江陵有一位僧人，脸形上宽下窄。刘缓的小儿子民誉，年龄才几岁，却聪明过人，善于描摹事物，他见到这位僧人时说：“他的脸像马苋。”民誉的伯父刘縚因此就称呼这位僧人为“荔挺法师”。刘縚本人是讲解《礼记》的有名学者，尚且会有这样的误解。

《诗经》说：“将其来施施。”《毛诗传》说：“施施，难以行进的意思”。郑玄的《毛诗传笺》说：“施施，缓缓行走的样子。”《韩诗外传》也是重叠“施施”二字的。河北版本《毛诗》都写为“施施”。江南的旧版本，全部单写作“施”，众人就认可了它，这恐怕是个小错误吧。

《诗经》说：“有渰萋萋，兴云祁祁。”《毛传》解释说：“渰，阴云密布的样子。萋萋，阴云运行的样子。祁祁，舒缓的样子。”郑玄的《笺》说：“古时候，阴阳调和，风雨及时，从来没有急风暴雨的发生。”按：渰已是阴云之意，为什么还要不厌其烦地重复“兴云祁祁”呢？可知，“云”字当作“雨”字，这是流行写法所造成的笔误。班固的《灵台》诗说：“三光宣精，五行布序，习习祥云，祁祁甘雨。”这就是“云”应当是“雨”的证据。

《礼》云：“定犹豫，决嫌疑。”《离骚》曰：“心犹豫而狐疑。”先儒未有释者。案：《尸子》曰：“五尺犬为犹。”《说文》云：“陇西谓犬子为犹。”吾以为人将犬行，犬好豫在人前，待人不得，又来迎候，如此往还，至于终日，斯乃豫之所以为未定也，故称犹豫①。或以《尔雅》曰：“犹如麂，善登木。”犹，兽名也，既闻人声，乃豫缘木，如此上下，故称犹豫。狐之为兽，又多猜疑，故听河冰无流水声，然后敢渡。今俗云：“狐疑，虎卜②。”则其义也。

《左传》曰：“齐侯痎，遂痁。”《说文》云：“痎，二日一发之疟。痁，有热疟也。”案：齐侯之病，本是间日一发，渐加重乎故，为诸侯忧也。今北方犹呼痎疟，音皆。而世间传本多以痎为疥，杜征南亦无解释，徐仙民音介，俗儒就为通云：“病疥，令人恶寒，变而成疟。”此臆说也。疥癣小疾，何足可论，宁有患疥转作疟乎？

《尚书》曰：“惟影响。”《周礼》云：“土圭测影，影朝影夕。”《孟子》曰：“图影失形。”《庄子》云：“罔两问影。”如此等字，皆当为光景之景[③]。凡阴景者，因光而生，故即谓为景。《淮南子》呼为景柱，《广雅》云：“晷柱挂景。”并是也。至晋世葛洪《字苑》，傍始加彡。音於景反。而世间辄改治《尚书》《周礼》《庄》《孟》从葛洪字，甚为失矣。

太公《六韬》，有天陈、地陈、人陈、云鸟之陈。《论语》曰：“卫灵公问陈于孔子。”《左传》：“为鱼丽之陈。”俗本多作阜傍车乘之车。案诸陈队，并作陈、郑之陈。夫行陈之义，取于陈列耳，此六书为假借也，《苍》《雅》及近世字书，皆无别字；唯王羲之《小学章》，独阜傍作车，纵复俗行，不宜追改《六韬》《论语》《左传》也。

《诗》云：“黄鸟于飞，集于灌木。”《传》云：“灌木，丛木也。”此乃《尔雅》之文，故李巡注曰：“木丛生曰灌。”《尔雅》末章又云：“木族生为灌。”族亦丛聚也。所以江南《诗》古本皆为丛聚之丛，而古丛字似冣字，近世儒生，因改为冣，解云：“木之冣高长者。”案：众家《尔雅》及解《诗》无言此者，唯周续之《毛诗注》，音为徂会反，刘昌宗《诗注》，音为在公反，又祖会反：皆为穿凿，失《尔雅》训也。

“也”是语已及助句之辞[④]，文籍备有之矣，河北经传，悉略此字，其间字有不可得无者，至如“伯也执殳”，“於旅也语”，“回也屡空”，“风，风也，教也”，及《诗传》云：“不戢，戢也；不傩，傩也。”“不多，多也。”如斯之类，傥削此文，颇成废阙[⑤]。《诗》言：“青青子衿。”《传》曰：“青衿，青领也，学子之服。”按：古者，斜领下连于衿，故谓领为衿。孙炎、郭璞注《尔雅》，曹大家注《列女传》[⑥]，并云：“衿，交领也[⑦]。”邺下《诗》本，既无“也”字，群儒因谬说云：“青衿、青领，是衣两处之名，皆以青为饰。”用释“青青”二字，其失大矣！又有俗学，闻经传中时须也字，辄以意加之，每不得所益，诚可笑。

《易》有蜀才注，江南学士，遂不知是何人。王俭《四部目录》，不言姓名，题云：“王弼后人。”谢炅、夏侯该，并读数千卷书，皆疑是谯周；而《李蜀书》一名《汉之书》，云：“姓范名长生，自称蜀才。”南方以晋家渡江后，北间传记，皆名为伪书，不贵省读[⑧]，故不见也。

【注释】 ① 故称犹豫：颜氏此说误。犹豫是双声连绵字，以声取义，没有定字。

② 虎卜：卜筮的一种。

③ 光景（yǐng）：光和阴影。

④ 语已：语尾。

⑤ 废阙：缺失。

⑥ 曹大家（gū）：班昭，班固之妹。嫁曹世叔，世叔死后，汉和帝

召入宫中，为皇后、贵人之师，号曹大家（家，通“姑”）。

⑦ 交领：交叠于胸前之衣领。

⑧ 省读：阅读。

【译文】 《礼记》说：“定犹豫，决嫌疑。”《离骚》中说：“心犹豫而狐疑。”前代学者没有作过解释。按：《尸子》上说：“五尺长的狗叫做犹。”《说文解字》说：“陇西地区称狗为犹。”我认为人带着狗走路，狗喜欢预先跑到前边去等，等人等不到，又返回来迎接，像这样跑跑返返，直到一天结束。这就是“豫”字具有前后不定的含义的原因，所以叫“犹豫”。也有人根据《尔雅》中所说的“犹的样子像麂，善于攀登树木”，认为犹是一种野兽的名字，听到人的声音后，就预先爬到树木之上，像这样的上上下下，所以叫做“犹豫”。狐狸作为一种野兽，又生性多疑，所以只有听到河面冰层下没有流水声，才敢渡河。现在俗话还说“狐疑，虎卜”，就是这个含义。

《左传》说：“齐侯痎，遂痁。”《说文》解释说：“痎是两天发作一次的疟疾。痁是发热的疟疾。”按：齐侯的病，本来是两天发作一次，后来逐渐加重，因此成了诸侯忧虑的事。现在北方仍然叫做“痎虐”，“痎”的读音为“皆”，然而世间流传的版本多数把“痎”写作“疥”，杜预对此未作解释，徐仙民只是说“疥”读作“介”，浅薄的学者便据此解释说：“患了疥疮，使人有畏寒的症状，就会转变成疟疾。”这是一种主观臆断的说法。疥癣这种小毛病，没有什么可说的，又怎么可能生点疥癣就转化为疟疾呢？

《尚书》说：“惟影响。”《周礼》说：“土圭测影，影朝影夕。”《孟子》说：“图影失形。”《庄子》说：“罔两问影。”像这些“影”字，都应当是“光景”的“景”。凡是阴景，都是因为有光才产生的，所以应叫做“景”。《淮南子》称景为“景柱”，《广雅》说“晷柱挂景”，都是这样的。直至晋代葛洪的《字苑》中，才开始在“景”字旁加了“彡”，注音为於景反，而世人就把《尚书》《周礼》《庄子》《孟子》中的“景”字改从葛洪《字苑》的“影”字，这是十分错误的。

姜太公的《六韬》，有天陈、地陈、人陈、云鸟之陈。《论语》说：“卫灵公问陈于孔子。”《左传》说：“为鱼丽之陈。”俗本将“陈”字多写作

"阜"字旁加车乘的"车"字。按：以上陈队的"陈"，都写作"陈国""郑国"的"陈"。行陈的含义，是从"陈列"这个词借用而来的，在六书中属于假借法。《苍颉篇》《尔雅》以及近世的字书，"陈"字都没写成别的字，只有王羲之在《小学章》中，写成"阜"字旁加"车"字。即使今天的流俗通行这种写法，也不应该追改《六韬》《论语》《左传》的"陈"字作"阵"字。

《诗经》说："黄鸟于飞，集于灌木。"《毛诗传》解释说："灌木，就是丛木。"这正是《尔雅》中的注释，所以李巡这样注释："树木丛生叫做灌。"《尔雅》末章又说："树木族生就是灌。""族"也是丛聚的意思。所以江南地区《诗经》的旧版本中"灌"字都写作"丛聚"之"丛"字，而古"丛"字像"冣"，因此近代的学者就把它改成了"冣"字，并解释说："就是树木中最高大的。"按：各家研究《尔雅》和解释《诗经》的都没有这样说过，只有周续之的《毛诗注》，对这个字的注音是"徂会"的反切，刘昌宗的《毛诗注》中注音是"在公"的反切，或"徂会"的反切：这些都是牵强附会，违背了《尔雅》的解释。

"也"字是语尾或句中的助词，文章典籍中常见这个字。河北地区的经传版本，全都省略了这个字，而其中有些"也"字是不能没有的，如"伯也执殳""於旅也语""回也屡空""风，风也，教也"，以及《毛诗传》中的"不戢，戢也；不傩，傩也"。"不多，多也"。以上例句，如果去掉"也"字，就成了残缺的句子。《诗经》中说："青青子衿。"毛传解释说："青衿，青领也，学子之服。"按：古时候，斜领下连着衣襟，所以将领子称为"衿"。孙炎、郭璞注的《尔雅》，曹大家注的《列女传》，都认为"衿，交领也"。邺下的《诗经》版本，就没有"也"字，许多学者就错误地理解为："青衿、青领，是衣服中两个部分的名称，都用青色作装饰。"这样理解"青青"二字，实际上是大错特错。还有一些盲从俗流的学者，听说经传中常常要用"也"字，就随意添加，往往加得不是地方，实在太可笑了。

《易经》有蜀才注本，江南的学士，竟然不知道蜀才是谁。王俭的《四部目录》也不谈他的名字，只是写作"王弼后人"。谢炅、夏侯该都是读了千卷书的学者，他俩都怀疑这人是谯周；而《李蜀书》（又名《汉之书》）说："此人姓范，名长生，自称蜀才。"在南方，在晋朝渡江之后，把北方的传记都认为伪书，人们没有认真阅读它们，所以没有见到这段文字。

《礼·王制》云："裸股肱[①]。"郑注云："谓擐衣出其臂胫。"今书皆作擐甲之擐。国子博士萧该云："擐当作揎，音宣，擐是穿著之名，非出臂之义。"案《字林》，萧读是，徐爰音患，非也。

《汉书》："田肎贺上。"江南本皆作"宵"字。沛国刘显，博览经籍，偏精班《汉》，梁代谓之《汉》圣。显子臻，不坠家业。读班史，呼为田肎。梁元帝尝问之，答曰："此无义可求，但臣家旧本，以雌黄改'宵'为'肎'"。元帝无以难之。吾至江北，见本为"肎"。

《汉书·王莽赞》云："紫色蛙声[②]，余分闰位[③]。"盖谓非玄黄之色，不中律吕之音也[④]。近有学士，名问甚高，遂云："王莽非直鸢髆虎视，而复紫色蛙声。"亦为误也。

简策字[⑤]，竹下施朿，末代隶书，似杞、宋之宋，亦有竹下遂为夹者；犹如刺字之傍应为朿，今亦作夹。徐仙民《春秋》《礼音》，遂以筴为正字，以策为音，殊为颠倒。《史记》又作悉字，误而为述；作妬字，误而为姤，裴、徐、邹皆以悉字音述，以妬字音姤。既尔，则亦可以亥为豕字音，以帝为虎字音乎？

张揖云："虙，今伏羲氏也。"孟康《汉书》古文注亦云："虙，今伏。"而皇甫谧云："伏羲或谓之宓羲。"按诸经史纬候，遂无宓羲之号。虙字从虍，宓字从宀，下俱为必，末世传写，遂误以虙为宓，而《帝王世纪》因误更立名耳。何以验之？孔子弟子虙子贱为单父宰[⑥]，即虙羲之后，俗字亦为宓，或复加山。今兖州永昌郡城，旧单父地也，东门有“子贱碑”，汉世所立，乃云：“济南伏生，即子贱之后。”是知虙之与伏，古来通字，误以为宓，较可知矣。

《太史公记》曰：“宁为鸡口，无为牛後。”此是删《战国策》耳[⑦]。案：延笃《战国策音义》曰：“尸，鸡中之主；從，牛子。”然则，“口”当为“尸”，“後”当为“從”，俗写误也。

应劭《风俗通》云：“《太史公记》：‘高渐离变名易姓，为人庸保[⑧]，匿作于宋子，久之作苦，闻其家堂上有客击筑，伎痒，不能无出言。’”案：伎痒者，怀其伎而腹痒也。是以潘岳《射雉赋》亦云：“徒心烦而伎痒。”今《史记》并作“徘徊”，或作“徬徨不能无出言”，是为俗传写误耳。

太史公论英布曰：“祸之兴自爱姬，生于妬媚，以至灭国。”又《汉书·外戚传》亦云：“成结宠妾妬媚之诛。”此二“媚”并当作“媢”，媢亦妬也，义出《礼记》《三苍》。且《五宗世家》亦云：“常山宪王后妬媢。”王充《论衡》云：“妬夫媢妇生，则忿怒斗讼。”益知媢是妬之别名。原英布之诛为意贲赫耳[⑨]，不得言媚。

《史记·始皇本纪》：“二十八年，丞相隗林、丞相王绾等，议于海上。”诸本皆作山林之“林”。开皇二年五月，长安民掘得秦时铁称权[⑩]，旁有铜涂镌铭二所。其一所曰：“廿六年，皇帝尽并兼天下诸侯，黔首大安[⑪]，立号为皇帝，乃诏丞相状、绾，法度量则不壹歉疑者，皆明壹之。”凡四十字。其一所曰：“元年，制诏丞相斯、去疾，法度量，尽始皇帝为之，皆□刻辞焉。

今袭号而刻辞不称始皇帝，其于久远也，如后嗣为之者，不称成功盛德，刻此诏左，使毋疑。”凡五十八字，一字磨灭，见有五十七字，了了分明。其书兼为古隶。余被敕写读之，与内史令李德林对，见此称权，今在官库；其“丞相状”字，乃为状貌之“状”，爿旁作犬；则知俗作“隗林”，非也，当为“隗状”耳。

《汉书》云：“中外禔福。”字当从示。禔，安也，音匙匕之匙，义见《苍》《雅》《方言》。河北学士皆云如此。而江南书本，多误从手，属文者对耦⑫，并为提挈之意，恐为误也。

【注释】 ① 股肱：大腿与上臂。

② 紫色：不正之色。

③ 闰位：非正统之帝位。

④ 律吕：古时校订乐律之器具。

⑤ 简策：编连在一起的竹简。

⑥ 单父：地名，在今山东单县南。

⑦ 删：节取。

⑧ 庸保：受人雇佣和役使的人。

⑨ 意：怀疑。

⑩ 权：秤砣。

⑪ 黔首：百姓。

⑫ 对耦：对偶。

【译文】 《礼记·王制》说：“裸股肱。”郑玄注释说：“捋衣出其臂胫。”现在人们把“捋”字都写成擐甲的“擐”字。国子博士萧该说：“‘擐’应当是‘捋’字，发音是‘宣’，‘擐’是穿着的意思，并非露出手臂的意思。”依照《字林》，萧该的读音是正确的，徐爰认为此字应读作“患”，是不对的。

《汉书》说："田肎贺上。"江南地区的版本都把"肎"写作"宵"字。沛国人刘显，博览群书，尤其精通班固的《汉书》，梁朝人称他为"汉圣"。刘显的三儿子刘臻，不失家传儒业。他读班固的《汉书》时，读作"田肎"。梁元帝曾就此问过他。他回答说："这没有什么意义可以寻求。只是我家传下的旧本，都用雌黄把'宵'字改为'肎'字。"梁元帝也没有难住他。我在江北的时候，看到那里的《汉书》版本就写作"肎"字。

《汉书·王莽赞》说："紫色蛙声，余分闰位。"其大意是说王莽不是玄黄正色，不符合律吕正音。最近有位学者，名声很高，竟然说："王莽不但长着老鹰的肩膀、老虎的目光，而且还是紫色的皮肤、青蛙的嗓音。"这可就弄错了。

简策的"策"字，是"竹"字下面一个"朿"字，后代的隶书，写的就像"杞国""宋国"的"宋"字，也有在"竹"下竟放了一个"夾"字；就像刺字的偏旁应该是"朿"，现在写成"夾"字一样。徐仙民的《春秋左氏传音》《礼记音》，就是以"筴"为正字，以"策"作读音，完全颠倒了。《史记》又在写"悉"字时，误写作"述"；在写"妬"字时，误写成"妒"。裴骃、徐邈、邹诞生都用"悉"字给"述"字注音，用"妬"字给"妒"字注音。既然这样，难道也可以用"亥"字为"豕"字注音，以"帝"字为"虎"字注音吗？

张揖说："虙，就是现在所说的伏羲氏。"孟康的《汉书》古文注也说："虙，就是今天的伏。"而皇甫谧却说："伏羲，也有人称之谓宓羲。"我查阅了各种经书、史书、纬书以及占验之书，就没见宓羲这个称呼。"虙"字从"虍"，宓字从"宀"，下面部分都是"必"字，在后人的传抄中，误把"虙"写成了"宓"。而皇甫谧的《帝王世纪》据此又另外设立了一个"宓羲"的名称。用什么来验证它呢？孔子的学生虙子贱曾担任单父的长官，他是虙羲的后代，他的姓俗体也写作"宓"，有的又在它的下面加了个"山"字。现在兖州的永昌郡城，就是从前单父的旧址。郡城的东门有一个"子贱碑"，是汉代建立的，碑文上说："济南人伏生，是子贱的后代。"由此可知"虙"与"伏"，自古以来就是通用字，后人误把"虙"写作"宓"了，是显而易见的。

《史记》说："宁为鸡口，无为牛後（后）。"这是从《战国策》中节选的文字。按：延笃的《战国策音义》解释为："尸，鸡中之主。從（从），牛群中的幼牛。"这样看来，鸡口的"口"应当写作"尸"，牛後的"後"应当写作"從（从）"，世上通行的写法是错误的。

应劭的《风俗通义》说："《太史公记》：'高渐离变名易姓，为人庸保，匿作于宋子，久之作苦，闻其家堂上有客击筑，伎痒，不能无出言。'"按：所谓"伎痒"，就是怀有技艺很想表现，内心像发痒一样难耐。因此，潘岳的《射雉赋》中有这样的句子："徒心烦而伎痒。"现在《史记》中的"伎痒"二字都写作"徘徊"，或作"徬徨不能无出语"，这是世人在传抄中的错误。

《史记》中太史公评论英布说："祸之兴于爱姬，生于妬媚，以至灭国。"另外，《汉书·外戚传》也说："成结宠妾妬媚之诛。"这两个"媚"都应作"媢"字，"媢"就是妬。这个字的含义见于《礼记》《三苍》。况且《史记·五宗世家》也说："常山宪王后妬媢。"王充《论衡》也说："妬夫媢妇生，则忿怒斗讼。"更明白"媢"是"姬"的另一种说法。推究英布被杀的原因，是怀疑贲赫，所以不能说成"媚"。

《史记·秦始皇本纪》说："二十八年，丞相隗林、丞相王绾等，议于海上。"上面的"林"字，各种版本都写成"山林"的"林"字。隋文帝开皇二年五月，长安百姓挖掘出一个秦代的铁秤锤，旁边有镀铜的镌刻铭文二处，其中一处刻的是："廿六年，皇帝尽并兼天下诸侯，黔首大安，立号为皇帝，乃诏丞相状、绾，法度量则不壹嫌疑者，皆明壹之。"共四十个字。另外一处刻的是："元年，制诏丞相斯、去疾，法度量，尽始皇帝为之，皆□刻辞焉。今袭号而刻辞不称始皇帝，其于久远也，如后嗣为之者，不称成功盛德，刻此诏左，使毋疑。"共五十八个字，有一个字磨灭，可以看见的有五十七个字，且看得清楚分明。它的字体，都是秦时隶书。我受皇帝的诏命摹写认读这些文字，并与内史令李德林核对，见过这两个秤锤，现在在官署库房内。那上面的"丞相状"，是"状貌"的"状"，"爿"旁加"犬"；由此可知，世上流传的俗本"隗林"是错误的，应当写作"隗状"。

《汉书》说："中外禔福。""禔"字应当从"衤"。禔，是安的意思，读音是匙匕的"匙"，它的含义见于《三苍》《尔雅》《方言》。河北地区的学士都认为是这样的。而江南地区的写本中，这个字多从手，写文章的人使用对偶，都把它用作提携的意思，这恐怕是错误的。

或问：“《汉书注》：‘为元后父名禁，故禁中为省中。’何故以‘省’代‘禁’？”答曰：“案：《周礼·宫正》：‘掌王宫之戒令纠禁。’郑注云：‘纠，犹割也，察也。’李登云：‘省，察也。’张揖云：‘省，今省詧也。’然则小井、所领二反，并得训察。其处既常有禁卫省察，故以‘省’代‘禁’。詧，古察字也。”

《汉明帝纪》：“为四姓小侯立学[①]。”按：桓帝加元服，又赐四姓及梁、邓小侯帛，是知皆外戚也。明帝时，外戚有樊氏、郭氏、阴氏、马氏为四姓。谓之小侯者，或以年小获封，故须立学耳。或以侍祠猥朝，侯非列侯，故曰小侯，《礼》云：“庶方小侯。”则其义也。

《后汉书》云：“鹳雀衔三鳝鱼。”多假借为鱣鲔之鱣；俗之学士，因谓之为鱣鱼。案：魏武《四时食制》：“鱣鱼大如五斗奁，长一丈。”郭璞注《尔雅》：“鱣长二三丈。”安有鹳雀能胜一者，况三乎？鱣又纯灰色，无文章也。鳝鱼长者不过三尺，大者不过三指，黄地黑文，故都讲云[②]：“蛇鳝，卿大夫服之象也。”《续汉书》及《搜神记》亦说此事，皆作“鳝”字。孙卿云[③]：“鱼鳖鳅鱣。”及《韩非》、《说苑》皆曰：“鱣似蛇，蚕似蠋。”并作“鱣”字。假“鱣”为“鳝”，其来久矣。

《后汉书》：“酷吏樊晔为天水郡守，凉州为之歌曰：‘宁见乳虎穴，不入冀府寺。’”而江南书本“穴”皆误作“六”。学士因循，迷而不寤。夫虎豹穴居，事之较者，所以班超云：“不探虎穴，安得虎子？”宁当论其六七耶？

《后汉书·杨由传》云："风吹削肺。"此是削札牍之柿耳。古者，书误则削之，故《左传》云："削而投之"是也。或即谓札为削，王褒《童约》曰："书削代牍。"苏竟书云："昔以摩研编削之才。"皆其证也。《诗》云："伐木浒浒。"毛《传》云："浒浒，柿貌也。"史家假借为肝肺字，俗本因是悉作脯腊之脯[④]，或为反哺之哺字。学士因解云："削哺，是屏障之名。"既无证据，亦为妄矣！此是风角占候耳[⑤]。《风角书》曰："庶人风者，拂地扬尘转削。"若是屏障，何由可转也？

《三辅决录》云："前队大夫范仲公[⑥]，盐豉蒜果共一筒。""果"当作魏颗之"颗"。北土通呼物一块，改为一颗，蒜颗是俗间常语耳。故陈思王《鹞雀赋》曰："头如果蒜，目似擘椒。"又《道经》云："合口诵经声璅璅，眼中泪出珠子碟。"其字虽异，其音与义颇同，江南但呼为蒜符，不知谓为颗。学士相承，读为裹结之裹，言盐与蒜共一苞裹[⑦]，内筒中耳[⑧]。《正史削繁》音义又音蒜颗为苦戈反，皆失也。

有人访吾曰："《魏志》蒋济上书云'弊攰之民'，是何字也？"余应之曰："意为攰即是皱倦之皱耳[⑨]。张揖、吕忱并云：'支傍作刀剑之刀，亦是刳字。'不知蒋氏自造支傍作筋力之力，或借刳字？终当音九伪反。"

《晋中兴书》："太山羊曼，常颓纵任侠[⑩]，饮酒诞节[⑪]，兖州号为䵒伯。"此字皆无音训。梁孝元帝常谓吾曰："由来不识。唯张简宪见教，呼为嚃羹之嚃[⑫]。自尔便遵承之，亦不知所出。"简宪是湘州刺史张缵谥也，江南号为硕学。案：法盛世代殊近，当是耆老相传；俗间又有䵒䵒语，盖无所不见，无所不容之意也。顾野王

《玉篇》误为黑傍沓。顾虽博物，犹出简宪、孝元之下，而二人皆云重边。吾所见数本，并无作黑者。重沓是多饶积厚之意，从黑更无义旨。

《古乐府》歌词，先述三子，次及三妇，妇是对舅姑之称。其末章云："丈人且安坐，调弦未遽央[13]。"古者，子妇供事舅姑，旦夕在侧，与儿女无异，故有此言。丈人亦长老之目，今世俗犹呼其祖考为先亡丈人。又疑"丈"当作"大"，北间风俗，妇呼舅为大人公。"丈"之与"大"，易为误耳。近代文士，颇作《三妇诗》，乃为匹嫡并耦己之群妻之意，又加郑、卫之辞，大雅君子，何其谬乎？

《古乐府》歌百里奚词曰："百里奚，五羊皮，忆别时，烹伏雌，吹扊扅[14]；今日富贵忘我为！""吹"当作炊煮之"炊"。案：蔡邕《月令章句》曰："键，关牡也，所以止扉，或谓之剡移。"然则当时贫困，并以门牡木作薪炊耳。《声类》作扊，又或作扂。

【注释】 ① 小侯：旧时称功臣的子孙和外戚子弟中的封侯者为小侯。

② 都讲：古代学校中的讲师。

③ 孙卿：荀卿。

④ 脯（fǔ）腊：干肉。

⑤ 风角：古时的一种占候术，通过观察四个方向四个角落的风，来占卜吉凶。

⑥ 前队（suì）：指南阳郡。

⑦ 苞裹：即"包裹"。

⑧ 内：同"纳"，容纳。

⑨ 鞼（guì）：极度疲劳。

⑩ 常：通“尝”，曾经。

⑪ 诞节：豪放而不加节制。

⑫ 嚃（tà）羹：大口喝汤。

⑬ 未遑央：尚未调整好。

⑭ 吹：即“炊”。 扊扅（yán yí）：门闩。

【译文】 有人问：“《汉书·昭帝纪》的注文说：‘因为孝元皇后的父亲名禁，所以把禁中改为省中。’为什么‘省’字能代替‘禁’字呢？”我回答说：“按：《周礼·宫正》说：‘掌王宫之戒令纠禁。’郑玄的注释为：‘纠，犹割也，察也。’李登说：‘省，察也。’张揖说：‘省，今省詧也。’那么小井、所领二个反切音的‘省’字，都可以训察。禁中经常有禁卫军省察，所以就用‘省’字代替‘禁’。詧，就是古代的察字。”

《后汉书·明帝纪》说：“为四姓小侯立学。”按：汉桓帝行冠礼时，又赐给梁、邓小侯丝绸，由此可知他们都是外戚。汉明帝时，外戚有樊氏、郭氏、阴氏、马氏四姓。称他们为小侯的原因，可能是因为他们年纪尚小就获得封爵，所以还需要立学。也可能因为他们属于侍祠侯、猥朝侯，这些并非封于王子之列的诸侯，所以叫做小侯，《礼记》说的“庶方小侯”就是它的涵义。

《后汉书》说：“鹳雀衔三鳝鱼。”这个“鳝”字大多是假借“鳣鲔”的“鳣”字。世俗的学者，因此把它叫做“鳣鱼”。按：魏武《四时食制》说：“鳣鱼大如五斗奁，长一丈。”郭璞在《尔雅》注文中说：“鳣鱼长二三丈。”哪里有鹳雀能衔得起一条鳣鱼的，何况是三条？而鳣鱼是纯灰色的，身上没有花纹。鳝鱼长不过三尺，大的粗细不超过三指，黄的底色黑的花纹，所以有这样的说法：“蛇鳝是卿大夫衣服的象征。”《续汉书》和《搜神记》也都说到此事，都写作“鳝”字。荀卿说：“鱼鳖鳅鳣。”《韩非子》《说苑》都说过：“鳣像蛇，蚕像蠋。”都写作“鳣”，把“鳝”字假借为“鳣”字，由来已久了。

《后汉书》说：“酷吏樊晔任天水郡太守，凉州城百姓为他编了歌谣：‘宁见乳虎穴，不入冀府寺。’”而江南的版本把“穴”字都误写作“六”字。学者们沿袭这个错误，执迷不悟。虎豹穴居，是明明白白的事；所以班超说过："不入虎穴，安得虎子？"难道应当区分六只虎还是七只虎吗？

《后汉书·杨由传》说："风吹削肺。"这里的"肺"就是削札牍的"柿"。古时候，字写错了要刮削掉，所以《左传》提到的"削而投之"就是这个意思。也有把"札"叫做"削"的，王褒《童约》说："书削代牍。"苏竟的信中说："昔以摩研编削之才。"都是"札"作"削"的证据。《诗经》说："伐木浒浒。"毛《传》解释说："浒浒，柿貌也。"史官们用假借的方法把"柿"字写成了"肝肺"的"肺"字，世上流行的版本又据此写成脯腊的"脯"字，或者写成反哺的"哺"字。因此，学者们解释《后汉书》中的"削哺"一词时说："削哺，是屏障之名。"这种解释既没有证据，也只能算是妄言臆说了。"风吹削哺"讲的是风角占候。《风角书》上说："庶人风者，拂地扬尘转削。"如果"削哺"是屏障，怎么可能转动呢？

《三辅决录》说："前队大夫范仲公，盐豉蒜果共一筒。""果"当作魏颗之"颗"。北方普遍把称为"一块"的东西，改称"一颗"，蒜颗就是民间的习惯用语。所以陈思王曹植在《鹞雀赋》中说："头如果蒜，目似擘椒。"另外，《道经》中也说："合口诵经声璨璨，眼中泪出珠子碟。""果"字、"碟"字虽然写法不同，但它的发音和意义与"颗"字相同。江南只称蒜符，不知道有"蒜颗"的叫法。学者们互相因袭，把这个字读成了"裹结"的"裹"字，说范仲公把盐和蒜一起包在包裹里，再放进竹筒里。《正史削繁》音义又给"蒜颗"的"颗"注音为"苦戈"的反切，两者都是错误的。

有人向我询问："《魏志》中蒋济上书说'弊攰之民'，这个'攰'是什么字啊？"我回答说："根据文意，攰就是'皻倦'的'皻'字。张揖、吕忱都说：'这个字是支旁加刀剑的刀，也就是剞字。'不知蒋济自造这支旁加筋力的力字，还是有人借用它作剞字？'攰'的读音终归应是'九伪'的反切。"

《晋中兴书》说："太山人羊曼，为人通常是疏慢放纵，任侠仗义，好酒贪杯，漫无节制，兖州人都称他为䠒伯。"这个"䠒"的音义，在各种书中都没有见到解释。梁孝元帝多次对我说："我从来不认识这个字，只有张简宪曾教过我，把它称为'嚃羹'的'嚃'字。从那以后我就遵从这个读音了，也不知道它的出处。"简宪是湘州刺史张缵的谥号，江南地区的人把他视为饱学之士。按：何法盛离我们的年代很近，那个“黯”字可能是老人们传下来的；社会上还有“黯黯”一词，大概是无所不见、无所不容的意思。顾野王所著的《玉篇》把“黯”误写成了“黑”旁加“沓”。顾野王虽然博学广闻，但他的学识还在张缵、孝元帝之下，而张缵、孝元帝都说是“重”字旁。我看过几个本子，都没有写成“黑”字旁的。重沓是多饶积厚的意思，而从黑旁就不知道它的含义了。

《古乐府·相逢行》的歌词，先记述三个儿子，接着述及三个媳妇。媳妇是相对公婆的称呼。它的末章这样说：“丈人且安坐，调弦未遽央。”古时候，儿子媳妇侍奉供养公婆，早晚都在老人身边，与儿女没有两样，所以歌辞中有这些说法。“丈人”可以作为对老年长辈的称呼，现在世人仍然习惯把已故祖父、父亲称为先亡丈人。我怀疑“丈”是“大”的误写。在北方人的风俗习惯中，媳妇称呼公公为大人公。“丈”字与“大”字，是很容易误写的。近代文士，多作《三妇诗》，内容多描写自己与妻妾配对成双的事，又加上一些淫邪的词句，那些道德才华俱佳的君子们，为什么这样荒唐呢？

《古乐府》歌咏百里奚的歌词说：“百里奚，五羊皮，忆别时，烹伏雌，吹扊扅；今日富贵忘我为！”“吹”字应当写作“炊煮”的“炊”。按：蔡邕《月令章句》说：“键，就是关牡，是用来拴门，有人也把它叫做剡移。”由此看来，百里奚夫妇当时生活贫困，都把门闩当作柴烧了。这个字在《声类》中写作“扊”，有时也写成“扂”字。

《通俗文》，世间题云“河南服虔字子慎造”。虔既是汉人，其《叙》乃引苏林、张揖；苏、张皆是魏人。且郑玄以前，全不解反语[①]，《通俗》反音，甚会近俗。阮孝绪又云“李虔所造”。河北此书，家藏一本，遂无作李虔者。《晋中经簿》及《七志》，并无其目，竟不得知谁制。然其文义允惬[②]，实是高才。殷仲堪《常用字训》，亦引服虔《俗说》，今复无此书，未知即是《通俗文》，为当有异[③]？或更有服虔乎？不能明也。

或问：“《山海经》，夏禹及益所记，而有长沙、零陵、桂阳、诸暨，如此郡县不少，以为何也？”答曰：“史之阙文，为日久矣；加复秦人灭学，董卓焚书，典籍错乱，非止于此。譬犹《本草》神农所述，而有豫章、朱崖、赵国、常山、奉高、真定、临淄、冯翊等郡县名，出诸药物；《尔雅》周公所作，而云‘张仲孝友’；仲尼修《春秋》，而《经》书孔丘卒[④]；《世本》左丘明所书，而有燕王喜、汉高祖；《汲冢琐语》乃载《秦望碑》；《苍颉篇》李斯所造，而云‘汉兼天下，海内并厕[⑤]，豨黥韩覆，畔讨灭残’；《列仙传》刘向所造，而《赞》云‘七十四人出佛经’；《列女传》亦向所造，其子歆又作《颂》，终于赵悼后，而传有更始韩夫人，明德马后及梁夫人嫕：皆由后人所羼[⑥]，非本文也。”

或问曰：“《东宫旧事》何以呼鸱尾为祠尾[⑦]？”答曰：“张敞者，吴人，不甚稽古[⑧]，随宜记注，逐乡俗讹谬[⑨]，造作书字耳。吴人呼祠祀为鸱祀，故以祠代鸱字；呼绀为禁，故以糸傍作禁代绀字；呼盏为竹简反，故以木傍作展代盏字；呼镬字为霍字，故以金傍作霍代镬字；又金傍作患为镮字，木傍作鬼为魁字，火傍作庶为炙字，既下作毛为髻字；金花则金傍作华，窗扇则木傍作扇：诸如此类，专辄不少。”

又问：“《东宫旧事》：‘六色罽緫[⑩]’，是何等物？当作何音？”答曰：“案：《说文》云：‘莙，牛藻也，读若威。’《音隐》：‘坞瑰反。’即陆机所谓‘聚藻，叶如蓬’者也。又郭璞注《三苍》亦云：‘蕴，藻之类也，细叶蓬茸生。’然今水中有此物，一节长数寸，细茸如丝，圆绕可爱，长者二三十节，犹呼为莙。又寸断五色丝，横著线股间绳之，以象莙草，用以饰物，即名为莙；于时当绀六色罽，作此莙以饰绲带，张敞因造糸旁畏耳，宜作隈。”

柏人城东北有一孤山，古书无载者。唯阚骃《十三州志》以为舜纳于大麓，即谓此山，其上今犹有尧祠焉；世俗或呼为宣务山，或呼为虚无山，莫知所出。赵郡士族有李穆叔、季节兄弟、李普济，亦为学问，并不能定乡邑此山。余尝为赵州佐，共太原王邵读柏人城西门内碑。碑是汉桓帝时柏人县民为县令徐整所立，铭曰：“山有巏嵍，王乔所仙。”方知此巏嵍山也。巏字遂无所出。嵍字依诸字书，即旄丘之旄也；旄字，《字林》一音亡付反，今依附俗名，当音權务耳。入邺，为魏收说之，收大嘉叹。值其为《赵州庄严寺碑铭》，因云：“權务之精。”即用此也。

或问：“一夜何故五更[11]？更何所训？”答曰：“汉、魏以来，谓为甲夜、乙夜、丙夜、丁夜、戊夜，又云鼓，一鼓、二鼓、三鼓、四鼓、五鼓，亦云一更、二更、三更、四更、五更，皆以五为节。《西都赋》亦云：‘卫以严更之署。’所以尔者，假令正月建寅，斗柄夕则指寅，晓则指午矣；自寅至午，凡历五辰。冬夏之月，虽复长短参差，然辰间辽阔，盈不过六，缩不至四，进退常在五者之间。更，历也，经也，故曰五更尔。”

《尔雅》云：“术，山蓟也。”郭璞注云：“今术似蓟而生山中。”案：术叶其体似蓟，近世文士，遂读蓟为筋肉之筋，以耦地骨用之，恐失其义。

或问：“俗名傀儡子为郭秃，有故实乎？”答曰：“《风俗通》云：‘诸郭皆讳秃。’当是前代人有姓郭而病秃者，滑稽戏调[12]，故后人为其象，呼为郭秃，犹《文康》象庾亮耳。”

或问曰：“何故名治狱参军为长流乎？”答曰：“《帝王世纪》云：‘帝少昊崩，其神降于长流之山，于祀主秋。’案：《周礼·秋官》，司寇主刑罚。长流之职，汉、魏捕贼掾耳[13]。晋、宋以来，始为参军，上属司寇，故取秋帝所居为嘉名焉[14]。”

【注释】 ① 反语：反切，古时注音的一种方法，汉末开始使用。

② 允惬：恰当。

③ 为：抑或。

④《经》：指《春秋》。

⑤ 厕：置身于。

⑥ 羼（chàn）：掺入。

⑦ 鸱（chī）尾：鸱吻，古时宫殿屋脊正脊两端陶制之装饰物。

⑧ 稽古：对古代的史实进行考证。

⑨ 逐：沿袭。

⑩ 罽缕（jì wēi）：毡类毛织品。

⑪ 更：古时夜间计时单位，一夜分为五更，每更大约两小时。

⑫ 戏调：开玩笑。

⑬ 捕贼掾（yuàn）：负责追捕盗贼的助理官员。

⑭ 秋帝：指少昊。

【译文】 《通俗文》一书，世上很多版本都题为“河南服虔字子慎造”。服虔既然是汉人，他的《叙》却引用了苏林、张揖的话；苏林、张揖都是三国时魏国人。而且在郑玄以前，人们都不懂得反切法。《通俗文》的反切注音，与现在的习尚相符合。阮孝绪又说《通俗文》是李虔所撰。这本书在河北地区，家家收藏一本，却没有一本是题为李虔撰写的。《晋中经簿》和《七志》中都没有它的条目，最终不能知道是谁写的这本书。但此书文辞妥帖，确实出自高才。殷仲堪的《常用字训》，也引用过服虔的《俗说》，现在已经见不到这本书了，不知它是《通俗文》，还是另外一书？也许是另外还有一位服虔？我最终还是没有弄明白。

有人问我："《山海经》这本书，是夏禹和伯益记述的，而里面却有长沙、零陵、桂阳、诸暨，像这一类的秦汉地名还不少，这是什么原因呢？"我回答说："史书上的遗漏，由来已久了；再加上秦始皇毁灭学术、董卓焚烧典籍，各种典籍发生了错乱，造成的问题何止于此。例如《神农本草经》是神农记述的，然而里面有豫章、朱崖、赵国、常山、奉高、真定、临淄、冯翊等汉代的郡县名称和出产的药物；《尔雅》是周公撰写的，书中却有'张仲孝友'之句；孔子修订《春秋》，而其中却记载着孔子死亡之事；《世本》是左丘明撰写的，而竟然有燕王喜、汉高祖之名；《汲冢琐语》是战国时代的书籍，竟然收录着《秦望碑》的文字；《苍颉篇》是李斯撰写的，却载有'汉朝兼并天下，天下英雄竞相臣服，陈豨被黥面，韩信遭覆灭，叛臣被讨伐，残贼被诛杀。'《列仙传》是刘向撰写的，而书中的《赞》却说有七十四人出自佛经；《列女传》也是刘向撰写的，他的儿子刘歆又写了《列女传颂》，记事截至赵悼后，而传中却有更始韩夫人、明德马后和梁夫人嫕：以上所述都是由后人掺杂进去的，并非原文所有。"

有人问我："《东宫旧事》为什么称'鸱尾'为'祠尾'呢？"我回答说："因为它的作者张敞是吴地人，不太考查古事，随手记下注释，顺应了乡俗的错误，写了这类字体。吴地人把'祠祀'称为'鸱祀'，所以用'祠'代替'鸱'；他们把'绀'读作'禁'，所以在'糸'旁加'禁'字代替'绀'字；他们把'盏'发成'竹简反'的音，所以在'木'旁加'展'字代替'盏'字；他们把'镬'字读作'霍'字，所以用'金'旁加'霍'字代替'镬'字；又用'金'旁加'患'字代替'镮'字，'木'旁加'鬼'字代替'魁'字；'火'旁加'庶'字代替'炙'字；'既'下加'毛'字代替'髻'字；金花就用'金'旁加'华'字表示；窗扇就用'木'旁加'扇'字表示：诸如此类，任意妄写的字还不少呢。"

又有人问："《东宫旧事》上面的'六色罽緷'是什么东西？应当读什么音？"我回答说："按：《说文》的解释，'莙，就是牛藻，读作"威"的音。'《说文音隐》注音为'坞瑰'的反切。也就是陆机所说的'聚藻，叶子像蓬草’的那种东西。另外，郭璞所注的《三苍》中也说：‘蕴，属于水藻类，它的细叶像蓬草般柔密地丛生着。’现在水中有这种东西，它的一节有几寸长，纤细柔密如丝，缠绕成圆形，十分可爱。长的有二三十节，仍然称为‘莙’。此外，把五彩丝线剪成一寸长，横放在几股线之间用绳子系住，把它做成莙草的样子，用以装饰物品，就把它叫做莙。当时一定要捆缚六色罽，就制成这种莙用来装饰绲带，张敞于是据此造了个“糸”旁加‘畏’的字，发音是‘隈’。”

柏人城东北有一座孤山，古书中没有关于它的记载。只有阚骃的《十三州志》认为舜进入的“大麓”，说的就是这座山，山上至今仍留有尧的祠堂；世人有的叫它“宣务山”，有的叫它“虚无山”，但是没人知道这些称呼的来历。赵郡的士族中有李穆叔、李季节兄弟和李普济，他们都是有学问的人，都不能判定他们家乡这座山的名称及其来由。我曾担任赵州佐，和太原人王邵一起读柏人城西门内的石碑。这座碑是汉桓帝时柏人县百姓为县令徐整树立的，上面的铭文说：“有一座巏嵍山，是王子乔成仙的地方。”我才知道这山叫巏嵍山。对于‘巏’字，我找不到出处。“嵍”字根据各种字书，就是旄丘的“旄”字；《字林》给“旄”字注音作“亡付”的反切。现在依照通俗的名称，应当读作“權（权）务”的音。我到邺城后，对魏收说了这些事，魏收对此大加赞许。当时正巧赶上他在撰写《赵州庄严寺碑铭》，于是写下“權（权）务之精”，就是使用了这个典故。

有人问我：“一夜为什么分为五更？‘更’字作什么解释？”我回答说：“汉魏以来，一夜就是分为甲夜、乙夜、丙夜、丁夜、戊夜，或者是一鼓、二鼓、三鼓、四鼓、五鼓，又叫一更、二更、三更、四更、五更，都是以五把时间划为五段。《西都赋》里也说：‘卫以严更之署。’之所以这样，是因为假如把正月作为建寅之月，北斗星的斗柄在日落时分就指向寅时，黎明时分就指向午时了；从寅时到午时，共经历了五个时辰，冬夏两季里，虽然白昼和夜晚的时间长短不齐，但是对于时辰之间的差别来说，延长不会超过六个时辰，缩短不会达到四个时辰，长短通常在五个时辰之间。更，就是经历、经过的意思，所以称为五更。”

《尔雅》说：“术，就是山蓟。”郭璞注解说：“现在所说的术，像蓟，但生长在山中。”按：术的叶子形状像蓟，近代的文人，竟然把“蓟”读作

"筋肉"的"筋"，以"山蓟（筋）"作为"地骨"的对偶来使用它，恐怕失去了它本身的意义。

有人问我："人们把傀儡戏称作'郭秃'，有什么典故?"我回答说："《风俗通》上讲：'所有姓郭的人都忌讳秃字。'可能是前代人有姓郭而秃头的人，善于滑稽调笑，所以后人仿制了他的形象作傀儡，并称之为郭秃，就像《文康》乐舞中人物造型都是庾亮的形象一样。"

有人问我："为什么把治狱参军叫做长流呢?"我回答说："《帝王世纪》说：'帝少昊驾崩，他的神灵降临在长流山上，主持秋祭。'按：《周礼·秋官》说：司寇主管刑罚。长流的职务，在汉代就是追捕盗贼的官吏。晋宋以来，才设置参军，上属司寇管辖，所以就取秋帝所居之处作为好名称。"

客有难主人曰[①]："今之经典，子皆谓非，《说文》所言，子皆云是，然则许慎胜孔子乎?"主人拊掌大笑，应之曰："今之经典，皆孔子手迹耶?"客曰："今之《说文》，皆许慎手迹乎?"答曰："许慎检以六文[②]，贯以部分，使不得误，误则觉之。孔子存其义而不论其文也。先儒尚得改文从意，何况书写流传耶?必如《左传》止戈为武，反正为乏，皿虫为蛊，亥有二首六身之类，后人自不得辄改也，安敢以《说文》校其是非哉?且余亦不专以《说文》为是也，其有援引经传，与今乖者，未之敢从。又相如《封禅书》曰：'導一茎六穗于庖，牺双觡共抵之兽。'此導训择，光武诏云：'非徒有豫养導择之劳'是也。而《说文》云：'禾是禾名。'引《封禅书》为证；无妨自当有禾名禾，非相如所用也。'禾一茎六穗于庖'，岂成文乎?纵使相如天才鄙拙，强为此语；则下句当云'麟双觡共抵之兽'，不得云牺也。吾尝笑许纯儒，不达文章之体，如此之流，不足凭信。大抵服其为书，隐括有条例[③]，剖析穷根源，郑玄注书，往往引以为证；若不信其说，则冥冥不知一点一画，有何意焉。”

世间小学者，不通古今，必依小篆，是正书记[④]；凡《尔雅》《三苍》《说文》，岂能悉得苍颉本指哉[⑤]？亦是随代损益，互有同异。西晋已往字书，何可全非？但令体例成就，不为专辄耳。考校是非，特须消息。至如“仲尼居”，三字之中，两字非体，《三苍》“尼”旁益“丘”，《说文》“居”下施“几”：如此之类，何由可从？古无二字，又多假借，以“中”为“仲”，以“說”为“悦”，以“召”为“邵”，以“閒”为“閑”：如此之徒，亦不劳改。自有讹谬，过成鄙俗，“亂”旁为“舌”，“揖”下无“耳”，“黿”“鼉”从“龜”，“奮”“奪”从“雚”，“席”中加“帶”，“惡”上安“西”，“鼓”外设“皮”，“鑿”头生“毁”，“離”则配“禹”，“壑”乃施“豁”，“巫”混“經”旁，“皋”分“澤”片，“獵”化为“獦”，“寵”变成“寵”，“業”左益“片”，“靈”底著“器”，“率”字自有律音，强改为别；“單”字自有善音，辄析成异：如此之类，不可不治。吾昔初看《说文》，蚩薄世字，从正则惧人不识，随俗则意嫌其非，略是不得下笔也。所见渐广，更知通变，救前之执，将欲半焉。若文章著述，犹择微相影响者行之[⑥]，官曹文书，世间尺牍，幸不违俗也。

案：弥亘字从二间舟，《诗》云：“亘之秬秠”是也。今之隶书，转舟为日；而何法盛《中兴书》乃以舟在二间为航字，谬也。《春秋说》以人十四心为德，《诗说》以二在天下为西，《汉书》以货泉为白水真人，《新论》以金昆为银，《国志》以天上有口为吴，《晋书》以黄头小人为恭，《宋书》以召刀为劭，《参同契》以人负告为造：如此之例，盖数术谬语，假借依附，杂以戏笑耳。如犹转贡字为项，以叱为匕，安可用此定文字音读乎？潘、陆诸子《离合诗》《赋》《栻卜》《破字经》，及鲍照《谜字》，皆取会流俗[7]，不足以形声论之也。

河间邢芳语吾云："《贾谊传》云：'日中必熭[8]。'注：'熭，暴也。'曾见人解云：'此是暴疾之意，正言日中不须臾，卒然便昃耳[9]。'此释为当乎？"吾谓邢曰："此语本出太公《六韬》，案字书，古者暴晒字与暴疾字相似[10]，唯下少异，后人专辄加傍日耳。言日中时，必须暴晒，不尔者，失其时也。晋灼已有详释。"芳笑服而退。

【注释】 ① 难：发难，质问。

② 六文：即六书，指事、象形、形声、会意、转注、假借，汉字的六种造字方法。

③ 隐括：古时用以矫正木材的器具，引申为校订。

④ 是正书记：校正书籍。

⑤ 本指：本旨，本意。

⑥ 影响：近似，差不多。

⑦ 取会：迎合。

⑧ 熭（wèi）：暴晒。

⑨ 卒然：突然。

⑩ 曓（pù）："暴"的异体字。 暴（bào）："暴"的异体字的另一种写法。

【译文】 有位客人非难我说："现在的经典，你都说错误，《说文》的解释，你都说正确，这样说来，难道许慎比孔子还高明吗？”我拍手大笑，回答他说：“现在的经典，都是孔子的手迹吗？”客人反问道：“今天的《说文》，都是许慎的手迹吗？”我回答说：“许慎用六书来检验文字，用部首贯串全书，使得不致出现错误。即使出现错误，也不难发觉。孔子只保留文字的含义而不推究文字本身。以前的学者尚且能改动经典文字以顺应文意，更不用说抄写流传过程中的错误了。必须像《左传》所说的止戈为武，反正为乏，皿虫为蛊，亥有二字头、六字身这类情况，后人自然无法随意改动，怎么能用《说文》考订它们的正误呢？况且我不认为《说文》是完全正确的。《说文》引用的经传文句，如果与现在通行的典籍有出入，我也不敢盲从。又如司马相如的《封禅书》说：‘導一茎六穗于庖，牺双觡共抵之兽。’这里的‘導’字就是选择的意思。汉武帝的诏书说‘非徒有豫养導择之劳’中的‘導’，也就是这个含义。而《说文》却说是禾名，并引用《封禅书》作为例证。可能有一种作物叫‘䆃’，但并非司马相如在《封禅书》中使用过的‘導’字。否则，‘䆃一茎六穗于庖’能成文句吗？就算司马相如天生愚拙，很生硬地写出这句话，那么下一句就应该说‘麟双觡共抵之兽’，而不应用‘牺’。我也曾经笑话过许慎是专门搞文字的纯粹儒者，不懂得文章的体制，像这类情况，就不足凭信。但总的说来，我是信服这部书的。书中审定文字有条例，剖析文字能穷尽它的根源。郑玄注释经书，常引证《说文》作论据；如果不信服许慎的说法，就会稀里糊涂，不知文字的一点一画是什么意义。”

世上研究文字、音韵、训诂之学，而又不了解古今变化的人，写字时一定要依据小篆，并据以校正书籍。凡是《尔雅》《三苍》《说文》中的文字，难道都得到了苍颉造字时的原始字形吗？它们也是随着年代的推移而增减笔画，相互之间有同有异。西晋以来的字书，怎么能够全部否定呢？只要它能够做到体例完备，不随意专断就可以了。考校文字的得失，尤其需要思考。至于像“仲尼居”这三个字中，有两个不合正体，《三苍》中在“尼”旁加了个“丘”字，《说文》在“居”下面放了个“几”字：诸如此类，怎么可以依从呢？古代的一个字没有两种形体，又多假借字，以“中”为“仲”，以“説”为“悦”，以“召”为“邵”，以“閒”为“閑”：像这种现象，也不必费神去改它。有时文字本身就有谬误，这种错误已经形成了不良风气，如："亂"字旁边是"舌"，"揖"字下面无"耳"，"黿""鼉"的下面部分依从了"黽"的形体，"奮""奪"的下面依从了"雚"的形体；"席"字中间加了"帶"字，"惡"字上面放了"西"字，"鼓"字右面加了"皮"字，"鑿"字头上生出"毁"字，"離"字左面多个"禹"字，"壑"字上面加成"豁"字，"巫"字与"經"的"巠"旁相混淆，"皋"字分"澤"的半边成了"睪"，"獵"字变成了"獦"字，"寵"字写成了"寵"字，"業"字左边加了个"片"字，"靈"字下面写成"器"字，"率"字原本就有"律"这个读音，却勉强改写为别的字，"單"字本来就有"善"这个读音，却分写成两个不同的字：像这类现象，是不能不加以改正的。过去我看《说文》时，看不起俗字，想依从正体又怕别人不认识，随从俗体又觉得不妥当，这样竟不能下笔写文章了。后来，随着见闻的逐渐广博，进一步知道了变通的道理，要补救从前的偏执态度，需要把正体俗体结合起来。如果是写文章做学问，仍然要选择与《说文》字体相近的使用；如果是官署的文书或是人际间的信函，最好不要违背世俗习惯。

按："弥亘"的"亘"字是依从于"二"字中间加个"舟"字，就是《诗经》中"亘之秬秠"的"亘"字。现在的隶书，把"舟"改成"日"。而何法盛的《晋中兴书》以舟在"二"字中间为"舟航"的航字，这是错误的。《春秋说》以"人十四心"为"德"字，《诗说》以"二在天下"为"酉"字，《汉书》认为把"货泉"二字拆开是"白水真人"四字，《新论》以"金昆"为"银"字，《三国志》以"天上有口"为"吴"字，《晋书》以"黄头小人"为"恭"字，《宋书》以"召刀"组成"劭"字，《周易参同契》以"人背负告"为"造"字：像这类例子，大概都是玩弄术数的荒言谬语，不过是假托附会，并杂以游戏玩笑。就好像是把"贡"字转变成"项"字，把"叱"字当成"匕"字，哪里能用这种方法来确定文字的读音呢？潘岳、陆机等人的《离合诗》《离合赋》《栻卜》《破字经》以及鲍照的《谜字》，都迎合了当时社会上的流行风气，不足以用规范的形旁声旁来评论它们。

河间人邢芳对我说："《汉书・贾谊传》说：'日中必熭。'注解是：'熭，暴也。'我曾看见有人解释说：'这个暴就是暴疾的意思，就是说太阳当顶不一会，突然就西斜了。'这个解释恰当吗？"我对邢芳说："这句话原本出自姜太公的《六韬》，根据字书看，古时候，‘暴晒’的‘暴’与‘暴疾’的‘暴’很相似，只是下面部分稍微不同。后人竟主观地在‘暴’字边加了个‘日’旁。这句话的意思是，太阳当顶时，必须暴晒物品，否则，就会失去晾晒的时机。关于这一点，晋灼已有详细的解释。”邢芳听后，含笑表示信服并告退了。

音辞第十八

【题解】 本篇可以看作一篇声韵学的论文，学术价值极高。主要论点是：其一，地域的不同，造成了语言的差异；其二，先后时代的变迁，引起古今声韵的变化；其三，提出以京都洛阳和金陵的语言为正音，用这一标准评判南北语音的优劣得失。由于颜之推一生走南闯北，对南北语音非常了解，所以论证起来头头是道，例证信手拈来。在语言史上，本文有极为重要的史料价值。

夫九州之人，言语不同，生民已来，固常然矣。自《春秋》标齐言之传，《离骚》目楚词之经，此盖其较明之初也。后有扬雄著《方言》，其言大备。然皆考名物之同异，不显声读之是非也。逮郑玄注《六经》，高诱解《吕览》《淮南》，许慎造《说文》，刘熹制《释名》①，始有譬况假借以证音字耳②。而古语与今殊别，其间轻重清浊，犹未可晓；加以内言外言③、急言徐言④、读若之类，益使人疑。孙叔言创《尔雅音义》，是汉末人独知反语。至于魏世，此事大行。高贵乡公不解反语，以为怪异。自兹厥后，音韵锋出，各有土风，递相非笑，指马之谕⑤，未知孰是。共以帝王都邑，参校方俗，考核古今，为之折衷。榷而量之，独金陵与洛下耳。南方水土和柔，其音清举而切诣⑥，失在浮浅，其辞多鄙俗；北方山川深厚，其音沉浊而鈋钝⑦，得其质直，其辞多古语。然冠冕君子，南方为优；闾里小人，北方为愈。易服而与之谈，南方士庶，数言可辩；隔垣而听其语，北方朝野，终日难分。而南染吴越[8]，北杂夷虏[9]，皆有深弊，不可具论。其谬失轻微者，则南人以钱为涎，以石为射，以贱为羡，以是为舐；北人以庶为戍，以如为儒，以紫为姊，以洽为狎。如此之例，两失甚多。至邺已来，唯见崔子约、崔瞻叔侄，李祖仁、李蔚兄弟，颇事言词，少为切正。李季节著《音韵决疑》，时有错失；阳休之造《切韵》，殊为疏野。吾家儿女，虽在孩稚，便渐督正之；一言讹替[10]，以为己罪矣。云为品物[11]，未考书记者[12]，不敢辄名，汝曹所知也。

古今言语，时俗不同；著述之人，楚、夏各异。《苍颉训诂》，反稗为逋卖[13]，反娃为於乖；《战国策》音刎为免，《穆天子传》音谏为间；《说文》音戛为棘，读皿为猛；《字林》音看为口甘反，音伸为辛；《韵集》以成、仍、宏、登合成两韵，为、奇、益、石分作四章；李登《声类》以系音羿，刘昌宗《周官音》读乘若承：此例甚广，必须考校。前世反语，又多不切，徐仙民《毛诗音》反骤为在遘，《左传音》切椽为徒缘，不可依信，亦为众矣。今之学士，语亦不正；古独何人，必应随其讹僻乎[14]？《通俗文》曰："入室求曰搜。"反为兄侯。然则兄当音所荣反。今北俗通行此音，亦古语之不可用者。玙璠[15]，鲁人宝玉，当音余烦，江南皆音藩屏之藩。岐山当音为奇，江南皆呼为神祇之祇。江陵陷没，此音被于关中[16]，不知二者何所承案[17]。以吾浅学，未之前闻也。

【注释】 ① 刘熹：即刘熙，熹与熙，古字通用。

② 譬况：最早的注音方法之一，用描述性的语言来说明某个字的发音。

③ 内言外言：譬况字音时用语。发 a［A］、o［o］等音时，舌位低，共鸣腔大，声在口腔内，叫内而深；发 i［i］、u［u］等音时，舌位高，共鸣腔小，声在口腔外，叫外而浅。

④ 急言徐言：譬况字音用语。急言指发有 i［i］介音的细音字，口腔的气道较窄，发音急促。徐言即缓言，指发洪音字，口腔内的气道较宽，发音徐缓。

⑤ 指马之谕：战国时公孙龙提出“白马非马”的哲学命题，探讨名称与实际之间的关系。后“指马”便成为争辩是非的代称。

⑥ 清举：声音清脆悠扬。　切诣：发音急迫。

⑦ 鈋钝：发音圆浑滞浊。

⑧ 南染吴越：南方语言之中沾染了吴越古地的方言。

⑨ 北杂夷虏：北方语言中混杂着少数民族的词汇。

⑩ 讹替：错误。

⑪ 云为：犹言所为。

⑫ 书记：书籍。

⑬ 反稗为逋卖：将稗字读为逋卖的反切。

⑭ 讹避：谬误。

⑮ 玙璠：一种美玉。

⑯ 被：本义是覆盖，这里是流行的意思。

⑰ 承案：依据。

【译文】　全国各地的人，语言各各不同，自从有了人类以来，就一直是这样的。自从《春秋公羊传》标出齐国方言的解释，《离骚》被看作楚人的经典作品，这可能就是语言差别开始明确的最早阶段吧。后来，扬雄写出了《方言》一书，在这方面的论述已经基本完备了。但书中只是考辨事物名称的异同，不说明读音的对错。直到郑玄注释《六经》，高诱解释《吕览》《淮南子》，许慎撰写《说文解字》，刘熙编著《释名》，才开始运用譬况、假借的方法来考证字音。然而古代语言与当今的语言差别很大，其中语音的轻重、清浊仍难以了解，再加上内言外言、急言徐言、读若一类的注音方法，就更让人疑惑了。孙炎编创了《尔雅音义》一书，他是汉末惟一懂得用反切方法注音的人。到了三国魏时，这种注音方法已盛行起来。高贵乡公曹髦不懂得反切法，被当时的人当作一件奇怪的事。从那以后，有关音韵的论著层出不穷，但带有方言色彩，且相互非难嘲笑，其中的是非曲直，难以判断。只有用帝都所在之处的语言作参照，比较各地方言，考核古今语音，以此确定一个判断的标准。经过研究商榷，只是金陵和洛阳的语言可以作为正音。南方水土柔和，所以他们的语音清脆急切，不足之处在于浮浅，其言辞多鄙陋粗俗；北方山高水深，所以他们的语音低沉迟缓，优点在于质朴劲直，其言辞多古代词汇。然而谈到士大夫的语言，以南方为优；谈到老百姓的语言，以北方见胜。如果让南方的官绅与平民变换服装而交谈，那么通过几句话就可以辨清他们的身份；如果听北方的官民交谈，那么一整天也区分不出他们的身份。然而，南方的语言已经沾染上吴越地区的音调，北方的语言已经杂糅了外族的词汇，两者都存在很大的弊端，在此不能一一评论。它们中有一些错误较轻的例子。如：南方人把“钱”读作“涎”，把“石”读作“射”，把“贱”读作“羡”，把“是”读作“舐”；北方人把“庶”读作“戍”，把“如”读作“儒”，把“紫”读作“姊”，把“洽”读作“狎”。像这样的例子，两者都有很大的差失。我到邺下以来，只看到崔子约、崔瞻叔侄，李祖仁、李蔚兄弟，能够从事言语研究，略作了一些切磋补正的工作。李季节的《音韵决疑》，时有错误；阳休之的《切韵》，很是粗疏草率。我们家的子女们，早在孩童时代，我就开始对其语言进行督导指正；孩子一个字有讹误，我也会视为自己的过失。对于家中所有的物品，未经书本考证的，一定不敢随便称呼，这些是你们都知道的。

古代和今天的语言，因为时代风俗的变化而异，进行著述的人，因所处的地域不同而在语音上出现了差异。《苍颉训诂》中，把“稗”字注为“逋卖”的反切，把“娃”字注为“於乖”的反切；《战国策》把“刎”注为“免”，《穆天子传》把“谏”注为“间”；《说文》把“戛”注为“棘”，把“皿”注为“猛”；《字林》把“看”字注为“口甘”的反切，把“伸”注为“辛”；《韵集》把成、仍和宏、登分别合为两个韵，把为、奇、益、石却分成四个韵；李登的《声类》，把“系”读作“羿”，刘昌宗的《周官音》，把“乘”读作“承”：这类例子很多，必须对他们进行考校。前人标注的反切，很多都不确切。徐邈的《毛诗音》把“骤”注为“在遣”的反切，《左传音》把“椽”注为“徒缘”的反切，这些都不可以作为依据。这样的例子还很多。今天的学者，语音也有不正确的。难道古人有什么特别之处，我们一定要沿袭他们的谬误错下去？《通俗文》说：“入室求曰搜。”服虔把“搜”注为“兄侯”的反切。如果这样，那么兄的发音应为“所荣”的反切。现在北方的习惯通行这个音，这也是古语中不能沿用的。玙璠，是鲁人所说的宝玉，它的读音是“余烦”，可江南人把“璠”读成“藩屏”的“藩”。“岐山”的“岐”应读作“奇”，江南人把它读成“神祇”的“祇”。江陵城陷落时，这两个字音流行于关中，却不知它们根据什么而来。以我这样肤浅的学识，从来都没有听过。

北人之音，多以举、莒为矩；唯李季节云：“齐桓公与管仲于台上谋伐莒，东郭牙望见桓公口开而不闭，故知所言者莒也。然则莒、矩必不同呼。”此为知音矣。

夫物体自有精粗，精粗谓之好恶[①]；人心有所去取，去取谓之好恶[②]。此音见于葛洪、徐邈。而河北学士读《尚书》云好生恶杀。是为一论物体，一就人情，殊不通矣。

甫者，男子之美称，古书多假借为父字；北人遂无一人呼为甫者，亦所未喻。唯管仲、范增之号，须依字读耳。

案：诸字书，焉者鸟名，或云语词[③]，皆音于愆反。自葛洪《要用字苑》分焉字音训[④]：若训何训安，当音于愆反，“于焉逍遥”，“于焉嘉客”，“焉用佞”，“焉得仁”之类是也；若送句及助词，当音矣愆反，“故称龙焉”，“故称血焉”，“有民人焉”，“有社稷焉”，“托始焉尔”，“晋、郑焉依”之类是也。江南至今行此分别，昭然易晓；而河北混同一音，虽依古读，不可行于今也。

邪者，未定之词。《左传》曰：“不知天之弃鲁邪？抑鲁君有罪于鬼神邪？”《庄子》云：“天邪地邪？”《汉书》云：“是邪非邪？”之类是也。而北人即呼为“也”，亦为误矣。难者曰：“《系辞》云：‘乾坤，《易》之门户邪？’此又为未定辞乎？”答曰：“何为不尔！上先标问，下方列德以折之耳⑤”。

江南学士读《左传》，口相传述，自为凡例，军自败曰败，打破人军曰败。诸记传未见补败反，徐仙民读《左传》，唯一处有此音，又不言自败、败人之别，此为穿凿耳。

古人云：“膏粱难整。”以其为骄奢自足，不能克励也⑥。吾见王侯外戚，语多不正，亦由内染贱保傅⑦，外无良师友故耳。梁世有一侯，尝对元帝饮谑，自陈“痴钝”，乃成“飔段”，元帝答之云：“飔异凉风，段非干木。”谓“郢州”为“永州”，元帝启报简文，简文云：“庚辰吴入，遂成司隶。”如此之类，举口皆然。元帝手教诸子侍读，以此为诫。

河北切攻字为古琮，与工、公、功三字不同，殊为僻也。比世有人名暹，自称为纤；名琨，自称为衮；名洸，自称为汪；名勬，自称为獡。非唯音韵舛错，亦使其儿孙避讳纷纭矣⑧。

【注释】 ① 好恶（hǎo è）：好与坏。

② 好恶（hào wù）：喜欢与讨厌。

③ 语词：也即今天所说的虚词。无实际意义。

④ 分：区分。

⑤ 列德：吴承仕认为当是效德之误，意即阐明阴阳之德。今从。

⑥ 克励：克制私欲，积极上进。

⑦ 保傅：贵族子弟身边负有保育、教导职责的人。

⑧ 纷纭：杂乱，无所适从。

【译文】 北方人的语音，大多数把“举”“莒”读成“矩”。只有李季节说：“齐桓公和管仲在台上策划攻打莒国，东郭牙看见齐桓公的嘴是张开而不是合拢的，所以知道齐桓公所说的是莒国。这样看来，‘莒’‘矩’二字的发音一定有开口合口的区分。”这就是通晓音韵的人了。

各种器物本身有精致和粗糙的分别，这种精致和粗糙就被称为好或恶；人的感情对事物有所取舍，这种取舍的态度被称为好或恶。这后面一个“好、恶”的读音见于葛洪、徐邈的撰述。而河北的读书人读《尚书》时，读作“好（呼号切）生恶（乌各切）杀”。这样，取了品评器物的读音，而表达的是感情取舍的意思，这就说不通了。

甫，是男子的美称，古书中多假借为“父”字；北方人没有一个把“父”字读成“甫”字，这是因为不明白二者的通假关系。只是管仲号仲父，范增号亚父，应该依照“父”字本来的读音。

考查各种字书，焉是鸟名，有的字书说焉是虚词，它的注音为“于愆”的反切。自从葛洪的《要用字苑》开始区分焉字的注音释义：如果解释为“何”或“安”时，应当是“于愆”二字的反切。“于焉逍遥”“于焉嘉宾”“焉用佞”“焉得仁”之类都是这样的；如果是用作语尾或语中助词时，就应当是“矣愆”二字的反切，如：“故称龙焉”“故称血焉”“有民人焉”“有社稷焉”“托始焉尔”“晋、郑焉依”之类都是这样的。江南地区至今仍然沿用这种区别，明明白白容易理解；而河北地区却把二者混同为一个读音，虽然依照古代的读法，却不能沿用到今天。

邪，是表示疑问的词。《左传》说：“不知天之弃鲁邪？抑鲁君有罪于鬼神邪？”《庄子》说：“天邪？地邪？”《汉书》说：“是邪？非邪？”这类句子就是这样的用法。而北方人却把它读作“也”，这是错误的。有人责难我说：“《周易·系辞》说：‘乾坤，《易》之门户邪？’这个‘邪’字也是表示疑问的词吗?”我回答说:“怎么不是?前面先标出疑问,后面才阐明阴阳之德以作出结论。”

江南地区的学者,读《左传》是用口述的方式相互传递,自订章法,自己的军队失败说是败(蒲败反),打败别人的军队说是败(补败反)。我在各种传记中从未看到给“败”注音为“补败”的反切,徐邈所读的《左传》,只有一处注了这个音,又没有说明自败和败人的区别,这就显得牵强附会了。

古人说:“膏粱子弟难以端正心性。”这是因为他们骄横奢侈,不能克制勉励自己。我见到的那些王侯外戚,语音大多不纯正。这是由于他们内受低贱保傅的影响,外无良师益友的指教。梁朝有位侯王,曾经与梁元帝一起饮酒戏谑,他自称“痴钝”,却说成“飔段”,梁元帝回答他说:“飔不同于凉风,段也不是干木。”他又把“郢州”说成“永州”,梁元帝把此事告诉了简文帝,简文帝说:“庚辰日吴人进入郢都的郢,竟成了后汉司隶校尉鲍永的永。”这样的例子,这位侯王张口就是。梁元帝亲自教授几位儿子的侍读,就以这位侯王的错讹作为借鉴。

河北人把“攻”字读作“古琮”的反切,与工、公、功三个字的读音不同,这是不正确的。近代有人名为“暹”,他自称为“纤”;有人名为“琨”,他自称为“衮”;有人名为“洸”,他自称为“汪”;有人名为“蓟(单药)”,他自称为“獡(音烁)”。这些不仅是音韵上的错讹,也会使他们的儿孙们在避讳时纷繁杂乱,无所依从。

杂艺第十九

【题解】 “杂艺”是指书法、绘画、射箭、卜筮、算术、医学、音乐、博弈、投壶等各种技艺。之所以将这些门类归入“杂艺”，是相对于儒学的正宗地位而言的。所以，作者认为，对这些杂艺兼通几门未尝不可，但切不可费尽心血去专精，从而妨碍对儒学的钻研，也可免受其累。

时至今日，这些所谓的“杂艺”，大都已消失，有的虽仍然存在，但与当时已不可同日而语，发生了很大的变化。所以本篇还具有较高的史料价值。

真草书迹[①]，微须留意。江南谚云：“尺牍书疏，千里面目也。”承晋、宋余俗，相与事之，故无顿狼狈者[②]。吾幼承门业[③]，加性爱重，所见法书亦多[④]，而玩习功夫颇至，遂不能佳者，良由无分故也。然而此艺不须过精。夫巧者劳而智者忧，常为人所役使，更觉为累；韦仲将遗戒，深有以也[⑤]。

王逸少风流才士，萧散名人，举世惟知其书，翻以能自蔽也[⑥]。萧子云每叹曰：“吾著《齐书》，勒成一典，文章弘义，自谓可观；唯以笔迹得名，亦异事也。”王褒地胄清华，才学优敏，后虽入关，亦被礼遇。犹以书工，崎岖碑碣之间[⑦]，辛苦笔砚之役，尝悔恨曰：“假使吾不知书，可不至今日邪？”以此观之，慎勿以书自命。虽然，厮猥之人[⑧]，以能书拔擢者多矣[⑨]。故道不同不相为谋也。

梁氏秘阁散逸以来[10]，吾见二王真草多矣，家中尝得十卷；方知陶隐居、阮交州、萧祭酒诸书，莫不得羲之之体，故是书之渊源。萧晚节所变，乃右军年少时法也。

晋、宋以来，多能书者。故其时俗，递相染尚，所有部帙，楷正可观，不无俗字，非为大损。至梁天监之间，斯风未变；大同之末，讹替滋生。萧子云改易字体，邵陵王颇行伪字；朝野翕然，以为楷式，画虎不成，多所伤败。至为一字，唯见数点，或妄斟酌[11]，逐便转移[12]。尔后坟籍，略不可看。北朝丧乱之余，书迹鄙陋，加以专辄造字，猥拙甚于江南。乃以百念为忧，言反为变，不用为罢，追来为归，更生为苏，先人为老，如此非一，遍满经传。唯有姚元标工于草隶，留心小学，后生师之者众。洎于齐末[13]，秘书缮写，贤于往日多矣。

江南闾里间有《画书赋》，乃陶隐居弟子杜道士所为；其人未甚识字[14]，轻为轨则[15]，托名贵师，世俗传信，后人颇为所误也。

【注释】 ① 真草：真即隶书，今楷书；草即草书。

② 无顿狼狈：没有把字写得很马虎。

③ 门业：家门所传的学业。

④ 法书：可作为楷法的书法范本。

⑤ 以：原因。

⑥ 翻：反而。

⑦ 崎岖：本义是指山路的高低不平，这里是指奔波不停。

⑧ 厮猥之人：从事杂役、被人使唤的地位低贱者。

⑨ 拔擢：提拔。

⑩ 秘阁：古代皇宫中藏书之地。

⑪ 斟酌：这里是指随意增减笔画。

⑫ 逐便：为图方便而改变字形。

⑬ 洎（jì）：到。

⑭ 未甚：不怎么。

⑮ 轨则：法度和规则。

【译文】 楷书、草书的书法，必须稍加用心。江南的谚语说："一尺长的书信，就是你在千里之外给人看到的面貌。"那里的人承袭晋、宋流风，大家都很信奉这句话，所以几乎没有字迹潦草马虎的。我幼时继承家传的学业，加上天性爱好书法，所见到的书法字帖也多，而且在临帖摹写时很下功夫，可是书法技艺最终不高，确实是由于缺少天分之故。但这门技艺也不需要过于精湛。巧者多劳，智者多忧，因为字写得好就经常被人使唤，反而觉得是一种负担。韦仲将给子孙们留下不要学习书法的训诫，很有道理。

王羲之是位风流才士，潇洒闲散的名人，所有的人都知道他的书法，却由此掩盖了他的其他才能。萧子云常常感叹说："我编撰《齐书》，成为一部典籍，其中的文采大义，我自以为值得一看；但却只是以书法得名，也真是怪事。"王褒门第高贵，才思敏捷，后来虽然被迫入关，也仍然受到礼遇。但他仍由于工于书法，不得不奔波于碑碣之间，辛苦于笔砚之役，他曾后悔地说："假如我不会书法，可能不至于像今天这样劳碌吧？"由此看来，千万不要以擅长书法自命。尽管如此，那些地位低微的人，因为书法而得到提拔的人也很多。所以说思想不同的人是说不到一块去的。

梁朝秘阁的图书散逸以来，我所见到的王羲之、王献之的楷书、草书墨迹还很多，家里也曾收藏了十卷。由此我才知道陶弘景、阮研、萧子云的书法，没有不受王羲之影响的，所以说王羲之的书体是书法的渊源。萧子云晚年的书法有所变化，却变成了王羲之少年时期的笔法。

晋宋以来，擅长书法的人很多。所以重视书法形成了风气，互相影响，所有的书籍，都用楷书正体，十分可观。纵然其中有些俗字，也无伤大雅。到了梁朝天监年间，这种风气还没有改变。大同末年，谬误的字体就逐渐产生了。萧子云改变了字的形体，邵陵王萧纶也多用不规范的字体，朝廷内外翕然成风，以他们的字作为楷模，结果是画虎不成反类犬，造成很多弊端。以至于写一个字，只用几个点代替，或者随意摆布字体、改变字形。这样一来，以后的文献书籍，就难以阅读了。北朝丧乱之后，字写得粗疏难看，再加上随心所欲地造字，其拙劣程度更甚于江南。竟有人用“百念”组成“忧”字，“言反”组成“变”字，“不用”组成“罢”字，“追来”组成“归”字，“更生”组成“苏”字，“先人”组成“老”字，这样的例子何止一二，遍布于各种典籍之中。唯有姚元标擅长楷书、隶书，专心研究文字训诂，晚辈师从他的很多。到了北齐末年，官府抄写的各类文稿，比过去好多了。

江南民间有《画书赋》一书流传，它是陶弘景弟子杜道士所作。这个人不认得几个字，却轻率地为绘画书法制定准则，还假托名师陶弘景的名字，世人竟然相信并相互传布，被它贻误的后辈晚生可不少。

画绘之工，亦为妙矣；自古名士，多或能之。吾家尝有梁元帝手画蝉雀白团扇及马图，亦难及也。武烈太子偏能写真[①]，坐上宾客，随宜点染，即成数人，以问童孺，皆知姓名矣。萧贲、刘孝先、刘灵，并文学已外，复佳此法。玩阅古今，特可宝爱。若官未通显，每被公私使令，亦为猥役。吴县顾士端出身湘东王国侍郎，后为镇南府刑狱参军，有子曰庭，西朝中书舍人，父子并有琴书之艺，尤妙丹青，常被元帝所使，每怀羞恨。彭城刘岳，橐之子也，仕为骠骑府管记、平氏县令，才学快士[②]，而画绝伦。后随武陵王入蜀，下牢之败[③]，遂为陆护军画支江寺壁，与诸工巧杂处。向使三贤都不晓画，直运素业[④]，岂见此耻乎？

弧矢之利，以威天下，先王所以观德择贤，亦济身之急务也。江南谓世之常射，以为兵射，冠冕儒生，多不习此；别有博射[5]，弱弓长箭，施于准的，揖让升降，以行礼焉。防御寇难，了无所益。乱离之后，此术遂亡。河北文士，率晓兵射，非直葛洪一箭，已解追兵，三九宴集[6]，常縻荣赐。虽然，要轻禽[7]，截狡兽，不愿汝辈为之。

卜筮者，圣人之业也；但近世无复佳师，多不能中。古者，卜以决疑，今人生疑于卜。何者？守道信谋，欲行一事，卜得恶卦，反令忧忧[8]，此之谓乎！且十中六七，以为上手，粗知大意，又不委曲[9]。凡射奇偶，自然半收，此何足赖也。世传云："解阴阳者，为鬼所嫉，坎壈贫穷，多不称泰。"吾观近古以来，尤精妙者，唯京房、管辂、郭璞耳，皆无官位，多或罹灾，此言令人益信。倘值世网严密，强负此名，便有诖误[10]，亦祸源也。及星文风气，率不劳为之。吾尝学《六壬式》，亦值世间好匠，聚得《龙首》《金匮》《玉軨变》《玉历》十许种书，讨求无验，寻亦悔罢。凡阴阳之术，与天地俱生，亦吉凶德刑，不可不信；但去圣既远，世传术书，皆出流俗，言辞鄙浅，验少妄多。至如反支不行，竟以遇害；归忌寄宿[11]，不免凶终：拘而多忌，亦无益也。

算术亦是六艺要事，自古儒士论天道，定律历者，皆学通之。然可以兼明，不可以专业。江南此学殊少，唯范阳祖暅精之[12]，位至南康太守。河北多晓此术。

医方之事，取妙极难，不劝汝曹以自命也。微解药性，小小和合[13]，居家得以救急，亦为胜事，皇甫谧、殷仲堪则其人也。

《礼》曰："君子无故不御琴瑟。"古来名士，多所爱好。洎于梁初，衣冠子孙，不知琴者，号有所阙；大同以末，斯风顿尽。然而此乐愔愔雅致[14]，有深味哉！今世曲解，虽变于古，犹足以畅神情也。唯不可令有称誉，见役勋贵[15]，处之下坐，以取残杯冷炙之辱。戴安道犹遭之，况尔曹乎！

《家语》曰："君子不博，为其兼行恶道故也。"《论语》云："不有博弈者乎？为之，犹贤乎已。"然则圣人不用博弈为教；但以学者不可常精，有时疲倦，则傥为之，犹胜饱食昏睡，兀然端坐耳[16]。至如吴太子以为无益，命韦昭论之；王肃、葛洪、陶侃之徒，不许目观手执，此并勤笃之志也。能尔为佳。古为大博则六箸，小博则二茕[17]，今无晓者。比世所行，一茕十二棋，数术浅短，不足可玩。围棋有手谈、坐隐之目，颇为雅戏；但令人耽愦，废丧实多，不可常也。

投壶之礼[18]，近世愈精。古者，实以小豆，为其矢之跃也。今则唯欲其骁，益多益喜，乃有倚竿、带剑、狼壶、豹尾、龙首之名。其尤妙者，有莲花骁。汝南周璝，弘正之子，会稽贺徽，贺革之子，并能一箭四十余骁。贺又尝为小障，置壶其外，隔障投之，无所失也。至邺以来，亦见广宁、兰陵诸王，有此校具[19]，举国遂无投得一骁者。弹棋亦近世雅戏[20]，消愁释愦，时可为之。

【注释】 ① 写真：人物写生。

② 快士：优秀之士。

③ 下牢之败：指梁元帝承圣二年武陵王萧纪的叛军被陆法和击败之事。下牢，梁朝宜州旧治，在今湖北宜昌市西北。

④ 素业：即儒业。

⑤ 博射：古时一种游戏性的习射比赛，以箭垛为靶子。

⑥ 三九：三公九卿。

⑦ 要（yāo）：同“邀”，半路截拦。

⑧ 恜恜（chì）：惊惧不安的样子。

⑨ 委曲：此处是详尽的意思。

⑩ 诖（guà）误：牵累。

⑪ 归忌：不宜回家的禁忌。

⑫ 祖暅（gèng）：祖暅之，字景烁，南朝梁人。数学家祖冲之之子。

⑬ 小小：稍稍。

⑭ 愔愔（yīng）：和悦而安详的样子。

⑮ 勋贵：达官贵人。

⑯ 兀然：茫然无知。

⑰ 䓨（qióng）：博戏时所掷的骰子。

⑱ 投壶之礼：古时士大夫之间盛行的一种宴会礼制，宾主用箭投酒壶，以投中多少定胜负。

⑲ 校具：即校饰。

⑳ 弹棋：古时博戏之一。

【译文】 绘画技艺的工巧，也是件妙事。自古以来的名士，很多人都擅长绘画。我们家里曾经有梁元帝亲手画的蝉雀白团扇和马图，也是常人难以企及的。武烈太子尤其擅长人物写生，座上的宾客，他随手点染，就能画好几个人，把画拿去问小孩子，小孩子都知道所画的是谁。萧贲、刘孝先、刘灵除了文学之外，还精通绘画。玩赏古今名画，确实叫人珍爱。但是善于作画的人如果官位没有显达，那么他就经常被公家或私人使唤，作画就成为一件苦差事。吴郡的顾士端，做过湘东王的侍郎，后来担任镇南府的刑狱参军。他有个儿子叫顾庭，在梁朝任中书舍人，父子俩都通晓弹琴和书法，尤其擅长作画。因此常被元帝唤去作画，父子俩常常为此感到羞愧和愤恨。彭城人刘岳，是刘橐的儿子，官至骠骑府管记、平氏县县令，是位有才学的优秀之士，绘画技艺独一无二。后来他跟随武陵王进入蜀地，下牢关战败后，他被陆护军派去画支江寺的壁画，与工匠们杂处在一起。如果上述三位贤人不懂得绘画，一直专攻儒学，怎么会蒙受这种耻辱呢？

弓箭的强劲，可以威慑天下。古代的帝王以射箭来考查人的德行，选择贤才，同时也是保全自身的要紧事情。江南人把社会上常见的射箭叫做兵射，官宦人家的读书人大多数不学习它。另外还有一种博射，用软弓长箭射在箭垛上，讲究揖让进退，以表达礼节。这种射法对于防御敌寇，却毫无用处。战乱之后，这种射法就不再出现了。河北的文人，大多数懂得兵射，不但能像葛洪那样，用它御敌防身，而且还能在三公九卿的宴会上，靠它得到赏赐。即便如此，遇到那些截拦飞禽走兽的围猎活动，我还是不希望你们去参加。

卜筮，是圣人从事的职业，但是近代没有好的卜筮师，所卜筮的结果大多数不能应验。古时候，用占卜来解除疑惑，现在的人却因占卜而产生疑惑。这是什么原因呢？一个恪守道义的人，相信自己的谋划，准备去做一件事，却卜得一个恶卦，反而使他产生忧惧不安，这就是由占卜产生疑惑的情况吧！更何况今人占卜中十次有六七次应验，就被看成占卜高手，那些对占卜术只是略知大意，对详情不尽了解的人，对是或否两种结果进行占卜，自然只能有一半应验了。这样的占卜怎么能够信赖呢？社会上流传说："懂得阴阳之术的人，就会被鬼嫉妒，人生困顿坎坷，大多数不得安宁。"我看近世特别精通占卜术的人，只有京房、管辂、郭璞几个，他们都没有官位，且遭到了许多灾祸，这句话就更让人们相信了。如果碰上那个时代法网严密，勉强背上会占卜的名声，就会产生失误，也是招灾惹祸的根源。至于观察天文气象以预测吉凶之事，你们一概不要去做。我曾经学习过《六壬式》，碰到过社会上一些高明术士，搜集到《龙首》《金匮》《玉軨变》《玉历》等十几种占卜书，对它们进行研究，但没有应验，随即为此感到后悔。阴阳之术，与天地同时产生，这是上天对人间昭示吉凶、施加恩罚的手段，不能不相信。但是我们距离圣人的时代太远，社会上流传的阴阳占卜方面的书，大多出自平庸者之手，语言粗鄙浅薄，应验的少，虚妄的多。至于像反支日不宜出行，却也有人遇害；归忌日需寄宿在外，可有人不免惨死：死板拘守这类说法而多禁忌，却也没有什么益处。

算术是六艺中很重要的一项。自古以来，学者们谈论天文，制定历法，都要通晓它。但是这门学问可以附带地掌握，不要把它作为专业。江南通晓算术的人很少，只有范阳的祖暅之通晓它，他官至南康太守。河北地区的人大多数懂得这门学问。

看病开药方之事，要想达到精妙的地步很困难，我并不鼓励你们以此为能事。只要稍微了解一些药性，能配一些药方，居家时可以以此救急，就很好了。皇甫谧、殷仲堪就是这样的人。

《礼记》说："君子无故不撤去琴瑟。"自古以来的名士，大多爱好它。到了梁朝初年，官宦子弟，不懂弹琴的，就被看作一种缺憾。大同末年以后，这种风气突然消失了。但是这种音乐和谐美妙，韵味深厚。现在的乐曲，不同于古代，仍足以舒畅神情。只是不要让自己因此得名，以致被达官贵人役使，身居下座，遭受吃残羹冷饭的耻辱，戴安道都受到这样的待遇，何况你们呢？

《孔子家语》说："君子不参与博戏，因为它会让人走入邪路。"《论语》说："不是有玩博戏下围棋的吗？玩玩这些，也比无所事事好。"那么圣人是从来不把博戏和围棋作为教育内容的。只是读书人不要时时专于此道，有时疲倦，偶尔玩玩，也比饱食昏睡或茫然呆坐的好。至于像吴太子认为博弈无益，命韦昭写文章论述其害处；王肃、葛洪、陶侃不许眼观棋盘、手执棋子，这是他们勤勉专心于自己的事情的表现。能够这样做当然好。古时候玩大博用六根竹筷，玩小博用两个骰子，现在已经没有懂得这种玩法的了。现在流行的玩法，是用一个骰子十二个棋子，方法粗浅，不值得一玩。围棋有手谈、坐隐等名目，是一种高雅的游戏，但能让人沉迷其中。旷废丢掉的正经事太多，不能经常玩。

投壶之礼，到近代更加精妙。古时候，在壶里装上小豆，这是为了避免箭跃出壶外。现在却希望箭投进去再跃出来，跃出的次数越多越让人高兴，于是根据箭跃出的不同次数有了倚竿、带剑、狼壶、豹尾、龙首等名目。其中最妙的，要数莲花骁。汝南的周璝，是周弘正的儿子，会稽的贺徽，是贺革的儿子，他俩都能用一支箭反复跃出四十余次。贺徽曾在壶前设放了一个小屏障，隔着屏障投壶，没有投不中的。我到邺城以后，看见广宁王、兰陵王等有这种小屏障，但全国没有一个人能把箭投进去再反弹出来。弹棋也是近代的一种高雅游戏，能给人消愁解闷，可以偶尔玩一玩。

终制第二十

【题解】　本篇在追述自己一生坎坷际遇的同时，对未能将父母的灵柩迁回故土安葬而深感负疚。基于此，作者嘱咐儿子：对自己的丧事要从简，并很具体地一一安排。如：不许为自己招魂，不许用随葬品，不许为自己树碑立传，也不垒坟，不许用酒肉等做祭品，不许亲友前来祭奠，等等。作为一个封建时代的官吏，颜之推能立下这样的遗嘱，对死亡持有如此达观的态度，确是难能可贵的。

死者，人之常分[①]，不可免也。吾年十九，值梁家丧乱，其间与白刃为伍者，亦常数辈；幸承余福，得至于今。古人云："五十不为夭。"吾已六十余，故心坦然，不以残年为念。先有风气之疾[②]，常疑奄然[③]，聊书素怀，以为汝诫。

先君先夫人皆未还建邺旧山，旅葬江陵东郭[④]。承圣末，已启求扬都，欲营迁厝[⑤]。蒙诏赐银百两，已于扬州小郊北地烧砖，便值本朝沦没，流离如此，数十年间，绝于还望。今虽混一，家道罄穷，何由办此奉营资费？且扬都污毁，无复孑遗，还被下湿，未为得计。自咎自责，贯心刻髓。计吾兄弟，不当仕进；但以门衰，骨肉单弱，五服之内，傍无一人，播越他乡，无复资荫；使汝等沉沦厮役，以为先世之耻；故靦冒人间[⑥]，不敢坠失。兼以北方政教严切，全无隐退者故也。

今年老疾侵，傥然奄忽，岂求备礼乎[⑦]？一日放臂[8]，沐浴而已，不劳复魄，殓以常衣。先夫人弃背之时，属世荒馑，家涂空迫，兄弟幼弱，棺器率薄，藏内无砖[9]。吾当松棺二寸，衣帽已外，一不得自随，床上唯施七星板；至如蜡弩牙、玉豚、锡人之属，并须停省，粮罂明器，故不得营，碑志旒旐，弥在言外。载以鳖甲车，衬土而下，平地无坟；若惧拜扫不知兆域，当筑一堵低墙于左右前后，随为私记耳[10]。灵筵勿设枕几，朔望祥禫[11]，唯下白粥清水干枣，不得有酒肉饼果之祭。亲友来餟酹者[12]，一皆拒之。汝曹若违吾心，有加先妣，则陷父不孝，在汝安乎？其内典功德[13]，随力所至，勿刳竭生资，使冻馁也。四时祭祀，周、孔所教，欲人勿死其亲，不忘孝道也。求诸内典，则无益焉。杀生为之，翻增罪累。若报罔极之德，霜露之悲，有时斋供，及七月半盂兰盆，望于汝也。

孔子之葬亲也，云："古者，墓而不坟。丘东西南北之人也，不可以弗识也。"于是封之崇四尺[14]。然则君子应世行道，亦有不守坟墓之时，况为事际所逼也[15]！吾今羁旅，身若浮云，竟未知何乡是吾葬地；唯当气绝便埋之耳。汝曹宜以传业扬名为务，不可顾恋朽壤，以取堙没也[16]。

【注释】 ① 常分：定分，必然归宿。

② 风气：中医一种病名。

③ 奄然：指突然死去。

④ 旅葬：葬于他乡，而非故里。

⑤ 迁厝（cuò）：迁葬。

⑥ 靦（tiǎn）冒：惭愧冒昧的样子。

⑦ 备礼：周备而隆重的礼仪。

⑧ 放臂：指人死之后，手臂自然垂放，这里是“死”的讳称。

⑨ 藏：寿藏，坟墓。

⑩ 私记：私家的标记。

⑪ 祥禫（dàn）：丧祭名。父母死后十三个月的祭叫小祥，二十五个月的祭叫大祥，丧家除丧服之祭叫禫，与大祥隔一个月。

⑫ 餟酹（chuò lèi）：用酒洒地以示祭奠。后泛指祭奠。

⑬ 内典：佛经。

⑭ 封：堆土成坟。

⑮ 事际：人事遭际。

⑯ 堙（yān）没：埋没。

【译文】 死亡，是每个人的必然归宿，人人不能幸免。我十九岁那年，正赶上梁朝发生战乱，这中间多次在刀光剑影中奔走。幸承祖上的福荫，我才活到今天。古人说：“活到五十岁便不算短命。”现在我已经六十多岁，所以内心十分坦然，并不以风烛残年而忧虑。我早年患过风气的疾病，常常怀疑自己会突然死去，姑且在此记下平时的想法，作为对你们的嘱咐训诫。

我亡父亡母的灵柩还没有回到建业祖坟，他们被暂时埋葬在江陵的东郊。承圣末年，我已向朝廷启奏，请求迁葬事宜。承蒙朝廷下诏赏赐一百两银子，我已经在扬州近郊北边烧制墓砖，不料正碰上梁朝的覆没，这样流离失所过了几十年，断绝了返回故乡的希望。现在虽然是国家统一了，我们的家境却一贫如洗，到哪里去筹借迁葬的经费？况且扬都已被毁弃，什么也没有留下，回到那潮湿低下的江南地区，也不是办法。我自悔自责，痛苦刻骨铭心。想来我们的几个兄弟，都不应走入仕途。只因为家族衰落，骨肉至亲孤单弱小，五服之内的亲属，没有一个可以依托的。而且流落他乡，失去了祖上门第的庇佑。如果让你们陷入奴仆的地步，就会成为祖上的耻辱。所以我只能含羞忍辱活在世上，不敢随便辞去官职。加上北方政教十分严厉，完全没有退隐的人，这也是我至今仍然居官的一个原因。

我现在已是年纪老迈且疾病缠身，倘若突然死去，哪里能够要求你们为我准备礼仪周全的丧礼呢？哪一天我去了，只要求为我沐浴遗体就行了，不要劳神行招魂之礼，身上穿着普通的衣服就行。你们的祖母去世时，正碰上闹饥荒，家境窘迫，我们几个兄弟年幼单弱，你们祖母的棺木简朴单薄，墓内都没有用砖砌。我也只备办二寸厚的松木棺材，除了衣服帽子外，其它东西一律不得随葬，棺材底部只要垫上七星板就可以了。至于像蜡弩弓、玉猪、锡人一类的东西，都应裁减不用；粮罂明器，原本不必去料理，更不必说墓志铭和魂幡等了。灵柩用鳖甲车运载，灵柩下垫上土就可以下葬。墓的上面是平地不要垒坟。如果你们担心在祭拜扫坟时找不到墓地，就在墓地周围修筑一堵低墙，顺便在上面做一个标志就行了。灵床上不要设置枕几，每逢朔日望日祥禫等祭祀日，只须用白粥清水干枣等物，不许用酒肉饼果作祭品。亲友们来祭奠，应一概拒绝。如果你们违背了我的心愿，把我丧礼的规模超过你们的祖母，那就把我陷于不孝的境地了，那么你们怎么能安心呢？至于念佛诵经等事，你们只须量力而行，不可过分耗费资财，使你们遭受冻馁之苦。一年四季对先人行祭祀之礼，这是周公、孔子所倡导的，是希望人们不要忘记他们死去的亲人，不要忘记孝道。如果要到佛经中去寻找根据，就没有什么好处了。用杀生来进行祭祀活动，反而会增加罪过。如果你们要报答父母的恩德，抒发思念亲人的悲伤之情，那么除了有时候供奉斋品外，到每年七月十五的盂兰节，我也希望能得到你们的斋供。

孔子安葬亲人时，说："古时候，只筑墓而不垒坟。我孔丘是东南西北奔走不定的人，墓上不能没有标志。"于是就在墓上垒起了四尺高的坟。然而，君子应付世事，推行自己的主张，也有不能守着祖上坟墓的时候，更何况被一些意料不到的情势所逼呢！我现在流离他乡，自身像浮云一样飘泊不定，不知何处是葬身之地。我断气后就地埋葬就可以了。你们应以传承家业、弘扬美名为己任，不要因为顾念我的坟墓而埋没了自己。

附　录

颜之推传（《北齐书·文苑传》）

颜之推，字介，琅邪临沂人也。九世祖含，从晋元东渡，官至侍中、右光禄、西平侯。父勰，梁湘东王绎镇西府咨议参军。世善《周官》《左氏》学。

之推早传家业。年十二，值绎自讲《庄》《老》，便预门徒；虚谈非其所好，还习《礼》《传》。博览群书，无不该洽；词情典丽，甚为西府所称。绎以为其国左常侍，加镇西墨曹参军。好饮酒，多任纵，不修边幅，时论以此少之。

绎遣世子方诸出镇郢州，以之推掌管记。值侯景陷郢州，频欲杀之，赖其行台郎中王则以获免，被囚送建邺。景平，还江陵。时绎已自立，以之推为散骑侍郎，奏舍人事。后为周军所破。大将军李穆重之，荐往弘农，令掌其兄阳平公远书翰。值河水暴长，具船将妻子来奔，经砥柱之险，时人称其勇决。

显祖见而悦之，即除奉朝请，引于内馆中，侍从左右，颇被顾眄。天保末，从至天池，以为中书舍人，令中书郎段孝信将敕书出示之推；之推营外饮酒。孝信还，以状言，显祖乃曰："且停。"由是遂寝。河清末，被举为赵州功曹参军，寻待诏文林馆，除司徒录事参军。之推聪颖机悟，博识有才辨，工尺牍，应对闲明，大为祖珽所重，令掌知馆事，判署文书。寻迁通直散骑常侍，俄领中书舍人。帝时有取索，恒令中使传旨。之推禀承宣告，馆中皆受进止；所进文章，皆是其封署，于进贤门奏之，待报方出。兼善于文字，监校缮写，处事勤敏，号为称职。帝甚加恩接，顾遇愈厚，为勋要者所嫉，常欲害之。崔季舒等将谏也，之推取急还宅，故不连署；及召集谏人，之推亦被唤入，勘无其名，方得免祸。寻除黄门侍郎。及周兵陷晋阳，帝轻骑还邺，窘急，计无所从，之推因宦者侍中邓长颙进奔陈之策，仍劝募吴士千余人，以为左右，取青、徐路，共投陈国。帝甚纳之，以告丞相高阿那肱等；阿那肱不愿入陈，乃云："吴士难信，不须募之。"劝帝送珍宝累重向青州，且守三齐之地，若不可保，徐浮海南渡。虽不从之推计策，犹以为平原太守，令守河津。

齐亡入周，大象末，为御史上士。

隋开皇中，太子召为学士，甚见礼重。寻以疾终。有文三十卷、《家训》二十篇，并行于世。

曾撰《观我生赋》，文致清远，其词曰：

仰浮清之藐藐，俯沈奥之茫茫，已生民而立教，乃司牧以分疆，内诸夏而外夷狄，骤五帝而驰三王。大道寝而日隐，《小雅》摧以云亡，哀赵武之作孽，怪汉灵之不祥，旄头玩其金鼎，典午失其珠囊，瀍、涧鞠成沙漠，神华泯为龙荒，吾王所以东运，我祖于是南翔。去琅邪之迁越，宅金陵之旧章，作羽仪于新邑，树杞梓于水乡，传清白而勿替，守法度而不忘。逮微躬之九叶，颓世济之声芳。问我良之安在，钟厌恶于有梁，养傅翼之飞兽，子贪心之野狼。初召祸于绝域，重发衅于萧墙。虽万里而作限，聊一苇而可航，指金阙以长铩，向王路而蹶张。勤王逾于十万，曾不解其搤吭，嗟将相之骨鲠，皆屈体于犬羊。武皇忽已厌世，白日黯而无光。既享国而五十，何克终之弗康？嗣君听于巨猾，每凛然而负芒。自东晋之违难，寓礼乐于江、湘，迄此几于三百，左衽浃于四方，咏苦胡而永叹，吟微管而增伤。世祖赫其斯怒，奋大义于沮、漳。授犀函与鹤膝，建飞云及鵌艎，北征兵于汉曲，南发伴于衡阳。

昔承华之宾帝，实兄亡而弟及，逮皇孙之失宠，叹扶车之不立。间王道之多难，各私求于京邑，襄阳阻其铜符，长沙闭其玉粒，遽自战于其地，岂大勋之暇集。子既损而侄攻，昆亦围而叔袭；褚乘城而宵下，杜倒戈而夜入。行路弯弓而含笑，骨肉相诛而涕泣；周旦其犹病诸，孝武悔而焉及。

方幕府之事殷，谬见择于人群，未成冠而登仕，财解履以从军。非社稷之能卫，□□□□□□，仅书记于阶闼，罕羽翼于风云。

及荆王之定霸，始仇耻而图雪，舟师次乎武昌，抚军镇于夏汭。滥充选于多士，在参戎之盛列；惭四白之调护，厕六友之谈说；虽形就而心和，匪余怀之所说。

緊深宫之生贵，矧垂堂与倚衡，欲推心以厉物，树幼齿以先声；忾敷求之不器，乃画地而取名。仗御武于文吏，委军政于儒生，值白波之猝骇，逢赤舌之烧城，王凝坐而对寇，向栩拱以临兵。莫不变蝯而化鹄，皆自取首以破脑。将睥睨于渚宫，先凭陵于地道，懿永宁之龙蟠，奇护军之电扫，奔虏快其余毒，缧囚膏乎野草。幸先主之无劝，赖滕公之我保，剟鬼录于岱宗，招归魂于苍昊，荷性命之重赐，衔若人以终老。

贼弃甲而来复，肆觜距之雕鸢，积假履而弑帝，凭衣雾以上天。用速灾于四月，奚闻道之十年！就狄俘于旧壤，陷戎俗于来旋。慨《黍离》于清庙，怆麦秀于空廛；鼖鼓卧而不考，景钟毁而莫悬；野萧条以横骨，邑阒寂而无烟。畴百家之或在，覆五宗而翦焉；独昭君之哀奏，唯翁主之悲弦。经长干以掩抑，展白下以流连；深燕雀之余思，感桑梓之遗虔，得此心于尼甫，信兹言乎仲宣。

遏西土之有众，资方叔以薄伐；抚鸣剑而雷咤，振雄旗而云窣；千里追其飞走，三载穷于巢窟；屠蚩尤于东郡，挂郅支于北阙。吊幽魂之冤枉，扫园陵之芜没；殷道是以再兴，夏祀于焉不忽。但遗恨于炎昆，火延宫而累月。

指余棹于两东，侍升坛之五让，钦汉官之复睹，赴楚民之有望。摄绛衣以奏言，忝黄散于官谤。或校石渠之文，时参柏梁之唱，顾甂瓯之不算，濯波涛而无量。属潇、湘之负罪，兼岷、峨之自王。伫既定以鸣鸾，修东都之大壮。惊北风之复起，惨南歌之不畅，守金城之汤池，转绛宫之玉帐，徒有道而师直，翻无名之不抗。民百万而囚虏，书千两而烟炀，溥天之下，斯文尽丧。怜婴孺之何辜，矜老疾之无状，夺诸怀而弃草，踣于涂而受掠。冤乘舆之残酷，轸人神之无状，载下车以黜丧，掩桐棺之藁葬。云无心以容与，风怀愤而惨恨；井伯饮牛于秦中，子卿牧羊于海上。留钏之妻，人衔其断绝；击磬之子，家缠其悲怆。

小臣耻其独死，实有愧于胡颜，牵痾疻而就路，策驽蹇以入关。下无景而属蹈，上有寻而亟搴，嗟飞蓬之日永，怅流梗之无还。

若乃五牛之旌，九龙之路，土圭测影，璿玑审度，或先圣之规模，乍前王之典故，与神鼎而偕没，切仙宫之永慕。

尔其十六国之风教，七十代之州壤，接耳目而不通，咏图书而可想。何黎氓之匪昔，徒山川之犹曩；每结思于江湖，将取弊于罗网。聆代竹之哀怨，听《出塞》之嘹朗，对皓月以增愁，临芳樽而无赏。

日太清之内衅，彼天齐而外侵，始蹙国于淮浒，遂压境于江浔，获仁厚之麟角，克俊秀之南金，爰众旅而纳主，车五百以敻临，返季子之观乐，释钟仪之鼓琴。窃闻风而清耳，倾见日之归心，试拂蓍以贞筵，遇交泰之吉林。譬欲秦而更楚，假南路于东寻，乘龙门之一曲，历砥柱之双岑。冰夷风薄而雷呴，阳侯山载而谷沉，侔挈龟以凭溶，类斩蛟而赴深，昏扬舲于分陕，曙结缆于河阴，追风飚之逸气，从忠信以行吟。

遭厄命而事旋，旧国从于采芑；先废君而诛相，讫变朝而易市。遂留滞于漳滨，私自怜其何已。谢黄鹄之回集，恧翠凤之高峙。曾微令思之对，空窃彦先之仕，纂书盛化之旁，待诏崇文之里，珥貂蝉而就列，执麾盖以入齿。款一相之故人，贺万乘之知己，只夜语之见忌，宁怀厫之足恃。谏谮言之矛戟，惕险情之山水，由重裘以胜寒，用去薪而沸止。

予武成之燕翼，遵春坊而原始；唯骄奢之是修，亦佞臣之云使。惜染丝之良质，惰琢玉之遗祉，用夷吾而治臻，昵狄牙而乱起。

诚怠荒于度政，惋驱除之神速，肇平阳之烂鱼，次太原之破竹。寔未改于弦望，遂□□□□□，及都□而升降，怀坟墓之沦覆。迷识主而状人，竞己栖而择木，六马纷其颠沛，千官散于奔逐，无寒瓜以疗饥，靡秋萤而照宿，仇敌起于舟中，胡、越生于辇毂。壮安德之一战，邀文武之余福，尸狼籍其如莽，血玄黄以成谷，天命纵不可再来，犹贤死庙而恸哭。

乃诏余以典郡，据要路而问津，斯呼航而济水，郊乡导于善邻，不羞寄公之礼，愿为式微之宾。忽成言而中悔，矫阴疏而阳亲，信谄谋于公主，竞受陷于奸臣。曩九围以制命，今八尺而由人；四七之期必尽，百六之数溘屯。

予一生而三化，备荼苦而蓼辛，鸟焚林而铩翮，鱼夺水而暴鳞，嗟宇宙之辽旷，愧无所而容身。夫有过而自讼，始发曚于天真，远绝圣而弃智，妄锁义以羁仁，举世溺而欲拯，王道郁以求申。既衔石以填海，终荷戟以入秦，亡寿陵之故步，临大行以逡巡。向使潜于草茅之下，甘为畎亩之人，无读书而学剑，莫抵掌以膏身，委明珠而乐贱，辞白璧以安贫，尧、舜不能荣其素朴，桀、纣无以污其清尘，此穷何由而至，兹辱安所自臻？而今而后，不敢怨天而泣麟也。

之推在齐有二子：长曰思鲁，次曰敏楚，不忘本也。

之推集在，思鲁自为序录。

颜之推年谱（缪钺著）

颜之推，字介，琅邪临沂（山东临沂市北五十里）人也（《北齐书》本传）。再追溯之，应是鲁人。《颜氏家训·诫兵》篇（以后简称《家训》）："颜氏之先，本乎邹鲁。"曹魏时，颜盛为青、徐二州刺史，始徙居琅邪郡临沂县（《金石萃编》卷一百一颜真卿《颜氏家庙碑》，参看钱大昕《潜研堂金石文跋尾》）。颜盛曾孙颜含，以孝友著称，于西晋末，随晋元帝渡江，官至侍中、右光禄大夫，封西平县侯，卒年九十三，谥曰靖。颜含有三子：髦、谦、约。髦子綝，綝子靖之，靖之子腾之，腾之子炳之，炳之子见远，见远子协。颜协即之推之父（《颜氏家庙碑》，参《晋书·孝友·颜含传》《北齐书·文苑·颜之推传》）。自颜含至颜之推共九世，故颜之推《观我生赋》谓"逮微躬之九叶"（《观我生赋》，见《北齐书》本传）。刘宋诗人颜延之祖约（《宋书·颜延之传》），乃之推七世祖颜髦之弟（按《北齐书·颜之推传》，谓之推"九世祖含"，是从本身数；《梁书·文学·颜协传》谓协"七代祖含"，是离本身数。本文是用离本身数之法，故曰"之推七世祖颜髦"），所以颜延之与颜之推亦是同族。

兹将颜氏世系列一简表如下：

颜含—髦—𬘭—靖之—腾之—炳之—见远—协—之仪、之善、之推
颜含—谦
颜含—约—显—延之

当西晋末东晋初，匈奴刘氏、羯族石氏起兵叛晋，中原云扰，北方世族纷纷渡江。颜之推《观我生赋》自注曰：“中原冠带随晋渡江者百家，故江东有百谱。”琅邪颜氏亦是所谓“百家”之一。颜氏渡江后，居于建康南之长干，所居巷名“颜家巷”（《观我生赋》自注）。颜含以下七世茔墓皆在建康附近幕府山西（《观我生赋》自注、《颜氏家庙碑》）。

张敦颐《六朝事迹类编》卷下《长干寺》条：“长干是秣陵县东里巷名。江东谓山陇之间曰‘干’。建康南五里有山冈，其间平地，庶民杂居，有大长干、小长干、东长干，并是地名。”颜氏墓葬最近有一部分被发现。1958 年，南京市文物保管委员会在南京挹江门外东北老虎山发掘晋墓四座，其中有墓志一方，刻“琅邪颜谦妇刘氏年卅四以晋永和元年七月廿日亡九月葬”二十四字；又有石印一方，上刻“零陵太守章”五字；又有铜印两方，六面刻字，所刻字中有“颜琳”“颜文和”“颜镇之”等。据上文所列颜氏世系，颜谦是颜含仲子，颜琳（字文和）是颜含长子颜髦之子，乃之推六世祖，而颜含季子颜约官至零陵太守（《晋书·颜含传》）。故此四座晋墓即之推祖茔（南京市文物保管委员会：《南京老虎山晋墓》，载《考古》1959 年第六期）。

颜含生平雅重行实，抑绝浮伪。或问江左群士优劣，含答

曰："周伯仁之正，邓伯道之清，卞望之之节，余则吾不知也。"含居官任职，简而有思，明而能断，以威御下（《晋书·颜含传》）。颜之推之高祖腾之"善草隶书，有风格"。曾祖炳之，亦"以能书称"（《颜氏家庙碑》）。之推祖见远，齐末在萧宝融荆州刺史府中为录事参军。后萧宝融即位为和帝，见远为治书侍御史，兼中丞，正色立朝，有当官之称。梁武帝篡立，和帝见害，见远乃不食，发愤数日而卒。梁武帝闻之曰："我自应天从人，何预天下士大夫事，而颜见远乃至于此！"（《梁书·颜协传》《周书·颜之仪传》）见远子协，字子和，幼孤，养于舅氏，少以器局见称，博涉群书，工于草隶。感家门事义，不求显达，恒辞征辟，游于蕃府而已。为湘东王萧绎国常侍，萧绎镇荆州，协为记室，以才学见重。梁武帝大同五年（539年）卒，年四十二。萧绎为《怀旧诗》以伤之。颜协撰《晋仙传》五篇、《日月灾异图》两卷及《文集》二十卷（《梁书·颜协传》、《周书·颜之仪传》）。《家训·文章》篇："吾家世文章，甚为典正，不从流俗。梁孝元在蕃邸时，撰《西府新文纪》，无一篇见录者，亦以不偶于世，无郑、卫之音故也。有诗、赋、铭、诔、书、表、启、疏二十卷。吾兄弟始在草土，并未得编次，便遭火荡尽，竟不传于世，衔酷茹恨，彻于心髓！"按梁末文风，注重音节、对偶、典故、辞采，亦即《家训》所谓"今世相承，趋末弃本，率多浮艳"者，而颜协之文，独不从流俗，无郑、卫之音。此对于颜之推平生论文主张亦颇有影响。

梁武帝中大通三年辛亥（531）

颜之推生于江陵（湖北江陵）。

按《北齐书》及《北史》《颜之推传》均不载其卒年。《家训·序致》篇："年始九岁，便丁荼蓼。"殆指丧父而言。

之推父协卒于梁武帝大同五年（539），是年之推九岁，则应生于中大通三年（531）。《家训·终制》篇又云："吾年十九，值梁家丧乱。"之推如生于中大通三年，则年十九时乃太清三年（549），即侯景陷台城之岁，所谓"值梁家丧乱"，亦正相合。

《梁书·颜协传》："释褐湘东王国常侍，又兼府记室；世祖出镇荆州，转正记室。"按湘东王于普通七年（526）出为荆州刺史，大同五年（539）入为护军将军，领石头戍事（《梁书·元帝纪》），在荆州凡十三年，而协即卒于大同五年，协盖自普通七年即随湘东王于荆州，以至于卒，之推亦当生于江陵。

之推有两兄：之仪、之善。

《梁书·颜协传》谓协"有二子：之仪、之推。"之仪名列于前，盖之推之兄。《周书·颜之仪传》："开皇十一年冬卒，年六十九。"是年之推年六十一，则之仪长之推八岁，之推生时，之仪已九岁矣。《北史·文苑传》谓之仪为之推弟，误也。《颜氏家庙碑》"黄门兄之仪"，亦谓之仪为之推兄。王昶跋云："之仪为之推弟，碑云黄门兄者，疑碑经重刻致误。"（《金石萃编》卷一百一）失考。《家训·序致》篇："每从两兄，晓夕温凊。"则除之仪外，之推尚有一兄。卢文弨《颜氏家训》补注云："《颜氏家庙碑》，有名之善者，云之推弟，隋叶县令，据此则之善亦是之推兄。"之善学业事功盖无足称述，故史传失载也。

大同三年丁巳（537），之推七岁

能诵《鲁灵光殿赋》（《家训·勉学》篇）。

《家训·序致》篇："吾家风教，素为整密。昔在龆龀，便蒙诱诲，每从两兄，晓夕温凊，规行矩步，安辞定色，锵锵翼翼，若朝严君焉。赐以优言，问所好尚，励短引长，莫不恳笃。"此足见之推幼时所受之家庭教育。

大同五年己未（539），之推九岁

父协卒，年四十二（《梁书·颜协传》）。旅葬江陵东郭（《家训·终制》）。此后之推受其兄之仪之教养。

《家训·序致》篇："年始九岁，便丁荼蓼，家涂离散，百口索然。慈兄鞠养，苦辛备至；有仁无威，导示不切。虽读礼传，微爱属文，颇为凡人之所陶染，肆欲轻言，不修边幅。"

七月，湘东王萧绎由荆州刺史入为护军将军，领石头戍军事（《梁书·武帝纪》《梁书·元帝纪》）。

大同六年庚申（540），之推十岁

十二月，湘东王萧绎出为江州刺史（《梁书·武帝纪》）。

大同八年壬戌（542），之推十二岁

之推随湘东王萧绎在江州（江州治寻阳，今江西九江），萧绎讲老、庄，之推亦预门徒，然非其所好，仍习礼传，博览群书。

《北齐书》本传："世善《周官》《左氏》学，之推早传

家业，年十二，值绎自讲庄、老，便预门徒，虚谈非其所好，还习礼传，博览群书，无不该洽。”按是年湘东王绎仍为江州刺史，之推盖以旧谊随王在江州也。之推不好老、庄虚谈，《家训·勉学》篇中亦言之，曰：“夫老、庄之书，盖全真养性，不肯以物累己也。故藏名柱史，终蹈流沙；匿迹漆园，卒辞楚相，此任纵之徒耳。何晏、王弼，祖述玄宗，递相夸尚，景附草靡，皆以农、黄之化，在乎己身；周、孔之业，弃之度外。而平叔以党曹爽被诛，触死权之网也；辅嗣以多笑人被疾，陷好胜之阱也。（中略）彼诸人者，并其领袖，玄宗所归，其余桎梏尘滓之中，颠仆名利之下者，岂可备言乎？直取其清谈雅论，词锋理窟，剖玄析微，宾主往复，娱心悦耳，非济世成俗之要也。洎于梁世，兹风复阐，《庄》《老》《周易》，总谓三玄。武帝、简文，躬自讲论，周弘正奉赞大猷，化行都邑，学徒千余，实为盛美。元帝在江、荆间，复所爱习，故置学生，亲为教授，废寝忘食，以夜继朝，至乃倦剧愁愤，辄以讲自释。吾时颇预末筵，亲承音旨，性既顽鲁，亦所不好云。”

太清元年丁卯（547），之推十七岁

正月，江州刺史湘东王萧绎徙为镇西将军、荆州刺史（《梁书·武帝纪》《梁书·元帝纪》）。二月，东魏侯景以河南十三州来降（《梁书·武帝纪》）。

太清二年戊辰（548），之推十八岁

十月，侯景自寿阳反，济江逼京师（《梁书·武帝纪》）。

太清三年己巳（549），之推十九岁

三月，侯景陷台城（《梁书·武帝纪》）。四月，湘东王萧绎称大都督中外诸军事、司徒，承制（《梁书·元帝纪》）。五月，武帝卒，太子纲立，是为简文帝（《梁书·武帝纪》《梁书·简文帝纪》）。

《家训·终制》篇：“吾年十九，值梁家丧乱。”即指侯景攻陷台城之事。之推为湘东王国右常侍，加镇西墨曹参军。

《北齐书》本传：“词情典丽，甚为西府所称，绎以为其国左常侍，加镇西墨曹参军，好饮酒，多任纵，不修边幅，时论以此少之。”据《观我生赋》自注：“时年十九，释褐湘东国右常侍，以军功加镇西墨曹参军。”知之推仕湘东王国在本年。惟自注云“右常侍”，与本传之“左常侍”不同，自注或较可据。《家训·序致》篇又云：“年十八九，少知砥砺，习若自然，卒难洗荡。”

简文帝大宝元年庚午（550），之推二十岁

九月，湘东王萧绎以世子萧方诸为中抚军将军、郢州刺史（《梁书·元帝纪》《梁书·贞慧世子方诸传》），之推为中抚军外兵参军，掌管记。

《北齐书》本传：“绎遣世子方诸出镇郢州，以之推掌管记。”《观我生赋》自注亦云：“时迁中抚军外兵参军，掌管记，与文珪、刘民英等与世子游处。”文珪、刘民英等无考。郢州治江夏，今湖北武汉市旧武昌县。之推随萧方诸至郢州，非其心之所愿。《观我生赋》云：“滥充选于多士，在参戎之盛列。惭四白之调护，厕六友之谈说。虽形就而心和，匪余怀之所说（同悦）。”盖萧方诸仅十五岁，幼稚无知，鲍泉为长史、郢州行事，亦极庸碌，故之推颇郁闷也。

大宝二年辛未（551），之推二十一岁

闰四月，侯景遣其将宋子仙、任约袭郢州，执刺史萧方诸。之推亦被俘，例当见杀，赖侯景行台郎中王则救护得免，囚送建康。

《北齐书》本传："值侯景陷郢州，频欲杀之，赖其行台郎中王则以获免，囚送建业。"《观我生赋》亦云："幸先主之无劝，赖滕公之我保。剟鬼录于岱宗，招归魂于苍昊。"自注："之推执在景军，例当见杀，景行台郎中王则初无旧识，再三救护，获免，囚以还都。"又云："时解衣讫而获全。"《观我生赋》又云："就狄俘于旧壤，陷戎俗以来旋。慨黍离于清庙，怅麦秀于空廛。（中略）经长干以掩抑，展白下以流连。深燕雀之余思，感桑梓之遗虔。"自注："长干旧颜家巷。靖侯以下七世坟墓皆在白下。"颜氏自南渡后，即居建康，而之推生于江陵，出仕藩国，此时因被俘归京都，始得流连家巷，展敬先茔也。

八月，侯景废简文帝，立豫章王萧栋。十月，景杀简文帝，废萧栋，自称帝，国号汉（《梁书·简文帝纪》《梁书·侯景传》）。

元帝承圣元年壬申（552），之推二十二岁

三月，湘东王萧绎所遣将王僧辩等平侯景，传其首于江陵。

《梁书·观我生赋》自注："既斩侯景，烹尸于建业市，百姓食之，至于肉尽龅骨。传首荆州，悬于都街。"又云："侯景既平，义师采穞失火，烧宫殿荡尽也。"按是时之推在

建康，所言盖出于目击也。

侯景之乱，为江南人民一大灾难。侯景乃羯族人，而久居北镇，已同鲜卑，陷建康后，恣意肆虐，杀戮士民，掠夺财物，使江东富庶之区呈现“千里绝烟，人迹罕见”（《南史·侯景传》）之惨状。之推对于此事极为痛心。《观我生赋》云：“自东晋之违难，寓礼乐于江、湘，迄此几于三百，左衽浃于四方。咏苦胡而永叹，吟微管而增伤。”当侯景乱时，湘东王萧绎不急图救援，而以私怨与其侄河东王萧誉、岳阳王萧詧构兵相攻，之推对此事亦极愤慨。《观我生赋》云：“行路弯弓而含笑，骨肉相诛而涕泣。周旦其犹病诸，孝武悔而焉及。”

十一月，湘东王萧绎即位于江陵，是为元帝（《梁书·元帝纪》）。

之推自建康还江陵，为散骑侍郎，奏舍人事，奉命校书。

《北齐书》本传：“景平，还江陵，时绎已自立，以之推为散骑侍郎，奏舍人事。”《观我生赋》云：“钦汉官之复睹，赴楚民之有望。摄绛衣以奏言，忝黄散于官谤。或校石渠之文，时参柏梁之唱。”自注：“时为散骑侍郎，奏舍人事。”又云：“王司徒表送秘阁旧事八万卷，乃诏比校部分为正御、副御、重杂三本。左民尚书周弘正、黄门侍郎彭僧朗、直省学士王珪、戴陵校经部；左仆射王褒、吏部尚书宗怀正、员外郎颜之推、直学士刘仁英校史部；廷尉卿殷不害、御史中丞王孝纯、中书郎邓荩、金部郎中徐报校子部；右卫将军庾信、中书郎王固、晋安王文学宗菩业、直省学士周确校集部也。”王司徒即王僧辩。按承圣三年十一月西魏军即陷江陵，之推校书之业，盖在此两年中也。

之推兄之仪亦仕于梁元帝朝，尝献《荆州颂》。

《周书·颜之仪传》："博涉群书，好为词赋，尝献《神州颂》，辞致雅赡。梁元帝手敕报曰：'枚乘二叶，俱得游梁；应贞两世，并称文学。我求才子，鲠慰良深。'"《神州颂》，《北史·颜之仪传》作《荆州颂》，梁元帝都江陵，应以《荆州颂》为合理。至于之仪仕元帝朝为何官，史传失载。

承圣三年甲戌（554），之推二十四岁

九月，西魏遣兵伐梁。十月，西魏兵至襄阳，雍州刺史萧詧率众会之。十一月，西魏兵陷江陵，元帝被执，旋遇害（《梁书·元帝纪》）。

《观我生赋》："守金城之汤池，转绛宫之玉帐。徒有道而师直，翻无名之不抗。民百万而囚虏，书千两而烟炀。溥天之下，斯文尽丧。"自注："北於（按"於"字疑"方"字之误）坟籍，少于江东三分之一。梁氏剥乱，散逸湮亡，惟孝元鸠合，通重十余万，史籍以来，未之有也。兵败悉焚之，海内无复书府。"之推等所校之书，至此荡然尽矣。牛弘所谓书之五厄也（《隋书·牛弘传》）。

江陵陷后，梁朝人士多被俘虏。之仪迁长安，之推被遣送至弘农（河南旧陕县）李远处掌书翰。

《北齐书》本传："后为周军所破，大将军李穆重之，荐往弘农，令掌其兄阳平公庆远书翰。"李穆时以太仆卿从征江陵，进位大将军（《周书》卷三十《李穆传》），穆兄远，封阳平郡公，都督义州弘农等二十一防诸军事，《周书》卷二十五有传。此云"庆远"，疑衍"庆"字。之推北行之时，盖颇艰苦。《观我生赋》："小臣耻其独死，实有愧于胡颜。牵痾疻而就路，策驽蹇以入关。"自注："时患脚气。"又云："官给疲驴瘦马。"之推兄之仪亦随例迁长安（《周书·之仪传》）。

十一月，王僧辩、陈霸先在建康奉晋安王萧方智承制（《梁书·敬帝纪》）。

敬帝绍泰元年乙亥（555），之推二十五岁

二月，晋安王萧方智即位，是为敬帝。三月，北齐遣其上党王高涣送贞阳侯萧渊明来主梁嗣。五月，王僧辩迎萧渊明，以敬帝为太子。九月，陈霸先杀王僧辩，废萧渊明，敬帝复位（《梁书·敬帝纪》）。

太平元年丙子即北齐文宣帝天保七年（556），之推二十六岁

之推奔北齐，文宣帝命其奉朝请，侍从左右。

《北齐书》本传："值河水暴长，具船将妻子来奔，经砥柱之险，时人称其勇决。显祖见而悦之，即除奉朝请，引于内馆中，侍从左右，颇被顾眄。"按《观我生赋》自注："齐遣上党王涣率兵数万纳梁贞阳侯明（按之推原文当作"贞阳侯渊明"，唐人修《北齐书》，避唐高祖讳，删去"渊"字）为主，梁武聘使谢挺、徐陵始得还南。凡厥梁臣，皆以礼

遣。之推闻梁人返国，故有奔齐之心，以丙子岁旦筮东行吉不，遇泰之坎，乃喜曰：‘天地交泰而更习坎，重险行而不失其信，此吉卦也，但恨小往大来耳，后遂吉也。’”据此，知之推奔齐在本年，其所以奔齐者，乃闻齐纳贞阳侯，放梁使归国，凡梁臣留齐者，均以礼遣，故欲由齐以归江南，《观我生赋》所谓“譬欲秦而更楚，假南路于东录”。故不惮冒砥柱之险，“水路七百里，一夜而至”（《观我生赋》自注）。乃是年至齐，次年陈霸先篡梁，终不得南归，是则非之推所能逆料矣。之推有《从周入齐夜度砥柱》诗云：“侠客重艰辛，夜出小平津。马色迷关吏，鸡鸣起戍人。露鲜华剑采，月照宝刀新。问我将何去，北海就孙宾。”

太平二年丁丑即北齐文宣帝天保八年（557），之推二十七岁

十月，陈霸先废敬帝自立，是为陈武帝（《陈书·武帝纪》）。

《观我生赋》：“遭厄命而事旋，旧国从于采芑。先废君而诛相，讫变朝而易市。遂留滞于漳滨，私自怜其何已。”自注：“至邺便值陈兴而梁灭，故不得还南。”之推北渡之后，不忘故国，触险奔齐，蓄志南归，至是绝望，遂留居北齐，又以“北方政教严切，全无隐退”（《家训·终制》篇），故不得已而出仕北齐，其遇亦可哀矣。

北齐文宣帝天保九年戊寅（558），之推二十八岁

（自本年后，之推仕于北齐，故用北齐年号）

文宣帝赴晋阳（山西太原市西）；六月乙丑，自晋阳北巡；己巳，至祁连池；戊寅，还晋阳（《北齐书·文宣帝纪》）。之推从。

《北齐书》本传："天保末，从至天池，以为中书舍人，令中书郎段孝信将敕书出示之推。之推营外饮酒，孝信还，以状言。显祖乃曰：'且停。'由是遂寝。"按所谓"天池"即《文宣纪》之"祁连池"，盖胡人呼天为祁连，故知此事在本年。天池在今山西静乐县境，见《通鉴·陈纪》六太建八年胡注。《家训·勉学》篇："吾尝从齐主幸并州，自井陉关入上艾县（山西平定县东南）东数十里，有猎闾村，后百官受马粮，在晋阳东百余里亢仇城侧，并不识二所本是何地。博求古今，皆未能晓。及检《字林》《韵集》，乃知猎闾是旧䜩余聚（原注"䜩音猎也"），亢仇旧是禝䣘亭（原注"上音武安反，下音仇"），悉属上艾。时太原王劭欲撰乡邑记注，因此二名，闻之大喜。"盖即本年事。

天保十年己卯（559），之推二十九岁

十月，文宣帝卒，太子高殷立，是为废帝（《北齐书·文宣帝纪》《北齐书·废帝纪》）。

废帝乾明元年庚辰即孝昭帝皇建元年（560），之推三十岁

八月，常山王高演废高殷，自立，是为孝昭帝（《北齐书·孝昭纪》）。

《家训·序致》篇："三十已后，大过稀焉。每尝心共口敌，性与情竞，夜觉晓非，今悔昨失。自怜无教，以至于斯。"

孝昭帝皇建二年辛巳即武成帝太宁元年（561），之推三十一岁

十一月，孝昭帝卒。弟长广王高湛立，是为武成帝（《北齐

书·武成纪》)。

武成帝河清四年乙酉即后主天统元年（565），之推三十五岁

四月，武成帝禅位于太子高纬，是为后主（《北齐书·武成纪》)。

之推为赵州功曹参军，盖在是时。

《北齐书》本传："河清末，被举为赵州功曹参军。"所谓"河清末"者，不知确在何年，太抵在河清三、四年中。北齐赵州治所在今河北旧隆平县。赵州所属柏人县（河北旧尧山县）城北有一小水，又有一孤山，人不知其名，古书亦无载者。之推读柏人城西门《徐整碑》，考明水名"洦水"，山名"巏嵍"。见《家训·勉学》篇及《书证》篇。

天统二年丙戌（566），之推三十六岁

后主颇好文艺，调之推至京都。

《北齐书·文苑传序》："后主虽溺于群小，然颇好讽咏。(中略）初因画屏风，敕通直郎兰陵萧放及晋陵王孝式录古名贤烈士及近代轻艳诸诗，以充图画，帝弥重之。后复追齐州录事参军萧悫、赵州功曹参军颜之推同入撰次。"之推调入京都在何年不可考，大约在后主即位初，姑系于此。与颜之推同时调至京都之萧悫，本是梁上黄侯萧晔之子，流落于北齐。萧悫工诗，有"芙蓉露下落，杨柳月中疏"之句，之推"爱其萧散，宛然在目"，曾记于《家训·文章》篇中。

武平三年壬辰（572），之推四十二岁

祖珽为左仆射，采纳之推建议，奏立文林馆，又奏撰《御览》。

《观我生赋》自注："齐武平中，署文林馆待诏者，仆射阳休之、祖孝徵以下三十余人，之推专掌其撰《修文殿御览》《续文章流别》等，皆诣进贤门奏之。"此只言武平中，未言在何年。《北齐书·后主纪》谓武平四年二月置文林馆，而《文苑传序》记其事甚详，则谓文林馆之立在武平三年，乃之推造意，而祖珽奏成之。《文苑传序》曰："后主虽溺于群小，然颇好讽咏。（中略）后复追齐州录事参军萧悫、赵州功曹参军颜之推同入撰次，犹依霸朝，谓之馆客。放（按谓萧放）及之推意欲更广其事，又祖珽辅政，爱重之推，又托邓长颙渐说后主，属意斯文。三年，祖珽奏立文林馆，于是更召引文学士，谓之待诏文林馆焉。珽又奏撰《御览》，诏珽及特进魏收、太子太师徐之才、中书令崔劼、散骑常侍张雕（按即张雕虎，唐人修史避讳，或删去"虎"字，或易"虎"为"武"）、中书监阳休之监撰。"据《观我生赋》自注及《文苑传序》，皆立文林馆后始修《御览》，而《后主纪》谓武平三年二月敕撰《御览》，八月，《御览》成，则文林馆之立，亦应在三年二月，《后主纪》误书于四年二月也。又据《文苑传序》，魏收亦为文林馆监撰《御览》者之一，而魏收卒于武平三年（《北齐书·魏收传》），若武平四年始立文林馆，则魏收无由入文林馆矣。此亦文林馆之立应在武平三年之证。

之推除司徒录事参军，与李德林同主持文林馆事，并主编《御览》，寻迁通直散骑常侍，领中书舍人，再迁黄门侍郎。

《北齐书》本传："待诏文林馆，除司徒录事参军。之推聪颖机悟，博识有才辩，工尺牍，应对闲明，大为祖珽所重，令掌知馆事，判署文书，寻迁通直散骑常侍，俄领中书舍人。帝时有取索，恒令中使传旨，之推禀承宣告，馆中皆受进止，所进文章，皆是其封署，于进贤门奏之，待报方出。兼善于文字，监校缮写，处事勤敏，号为称职，帝甚加恩接，顾遇逾厚。"《北史·李德林传》："时齐帝留情文雅，召入文林馆，与黄门侍郎颜之推同判文林馆事。"按之推笃学洽闻，且精于文字音训，观《家训》中《书证》《音辞》诸篇可知，故主持文林馆撰书之事业最为适宜。据上引《李德林传》，之推判文林馆事时已为黄门侍郎，而《北齐书》本传则于崔季舒等被杀而之推免祸之后始书"寻除黄门侍郎"。考《观我生赋》："纂书盛化之旁，待诏崇文之里。"叙在文林馆撰书事，其下即云："珥貂蝉而就列，执麾盖以入齿。"自注："将以通直散骑常待迁黄门郎也。"与《李德林传》合，且出之推自言，应最可据。盖之推是时方蒙君、相之知，故升迁颇速，及祖珽被出，季舒谮死，之推免祸已幸，无由更得美迁，本传误也。

文林馆主要事业即是编纂《御览》。先是武成帝曾命宋士素录古帝王言行要事三卷，名为《御览》，置于巾箱中。文林馆设立后，后主命编纂《御览》。当时阳休之等创意，取《华林遍略》等书为蓝本，编次成书，取名《玄洲苑御览》，后又改名《圣寿堂御览》，最后祖珽定名为《修文殿御览》(《太平御览》卷六百一引《三国典略》)。武平三年二月开始编纂，八月竣事，实际工作由之推主之。编成后，祖珽上表呈于后主曰："昔魏文帝命韦诞诸人撰著《皇览》，包括群言，区分义别，陛下听览余日，眷言缃素，究兰台之籍，穷策府之文，以为观书贵博，博而贵要，省日兼功，期于易简。前者修文殿令臣等讨寻旧典，撰录斯书。谨罄庸短，登即编次。放天地之数，为五十部；象乾坤之策，成三百六十卷。昔汉时诸儒，集论经传，奏之白虎阁，因名《白虎通》。窃缘斯义，仍曰《修文殿御览》。今缮写已毕，并目上呈。伏愿天鉴，赐垂裁览。”(《太平御览》卷六百一引《三国典略》)《修文殿御览》编成后，北齐后主命藏于史阁中。《隋书·经籍志》著录《圣寿堂御览》三百六十卷，不著撰人。引《旧唐书·经籍志》《新唐书·艺文志》均著录《修文殿御览》三百六十卷，祖孝徵（祖珽之字）撰。宋太宗太平兴国中，诏李昉等编《太平御览》一千卷，即以《修文殿御览》《艺文类聚》《文思博要》等为蓝本（《玉海》卷五十四引《宋太宗实录》)。南宋以后，即不见有征引《修文殿御览》者，盖已亡佚矣。清光绪中，法国伯希和在我国敦煌石室中盗窃大量文物瑰宝，其中有唐人写本类书残卷，存二百五十九行。罗振玉影印于《鸣沙石室佚书》中，并审定为《修文殿御览》残卷。后洪业作《所谓修文殿御览者》一文，辨罗说之误。洪文载《燕京学报》第十二期。

《修文殿御览》是一种类书。南北朝末年，编纂类书之风气甚盛。梁安成王萧秀命刘峻编《类苑》一百二十卷，梁武帝曾命张率、刘杳编《寿光书苑》二百卷，后又命徐僧权等编《华林遍略》六百二十卷。东魏高澄执政时，江南贾客携《华林遍略》抄本至北方售卖。北齐沾受此种风气，故亦编《修文殿御览》也。颜之推等在文林馆所编之书，除《修文殿御览》之外，尚有《续文章流别》（《观我生赋》自注）、《文林馆诗府》(《隋书·经籍志》)等。

之推在文林馆中，常与祖珽等讨论文章，衡量人物。《家训·文章》篇："邢子才、魏收俱有重名，时俗准的，以为师匠。邢赏服沈约而轻任昉，魏收爱慕任昉而毁沈约；每于谈宴，辞色以之。邺下纷纭，各有朋党。祖孝徵尝谓吾曰：'任、沈之是非，乃邢、魏之优劣也。'"又："邢子才常曰：'沈侯文章，用事不使人觉，若胸臆语也。深以此服之。'祖孝徵亦谓吾曰：'沈诗云：崖倾护石髓。此岂似用事邪？'"《家训·文章》篇又载之推论王籍、萧悫诗句，与卢询祖、魏收、卢思道等意见不同，盖均在文林馆时事。

文林馆之设立，虽系文化事业，而实含有政治意义。东魏北齐朝廷中，汉族士大夫与鲜卑贵族相争甚烈（详拙著《东魏北齐政治上汉人与鲜卑之冲突》）。祖珽为相，汉人稍得志，颜之推鄙视教儿学鲜卑语以伏事公卿之士大夫，故亦欲扶持汉人势力，借文林馆以培养汉族人士。《北齐书·阳休之传》："及邓长颙、颜之推奏立文林馆，之推本意不欲令耆旧贵人居之，休之便相附会，与少年朝请参军之徒同入待诏。"所谓"耆旧贵人"，殆指鲜卑贵族及其同党，而"少年朝请参军之徒"则汉人中少年有才而资望尚浅者。当时入文林馆待诏者，如王劭、魏澹、薛道衡、卢思道、封孝琰、杜台卿、崔季舒、刘逖、李德林、辛德源、陆开明等五十余人（皆见《北齐书·文苑传序》），皆汉族人士一时之选。因此，之推亦深招鲜卑贵族之嫉恨。《观我生赋》自注云："时武职疾文人，之推蒙礼遇，每构创痏。"《北齐书》本传亦云："为勋要者所嫉，常欲害之。"

武平四年癸巳（573），之推四十三岁

四、五月中，祖珽解仆射，出为北徐州刺史。

祖珽执政，有心为治。《北齐书·祖珽传》谓："自和士开执事以来，政体隳坏，珽推崇高望，官人称职，内外称美，复欲增损政务，沙汰人物。（中略）又欲黜诸阉竖及群小辈，推诚延士，为致治之方。"由是为后主亲幸穆提婆、韩凤等所嫉，解仆射，被出为北徐州刺史。珽之被出，《珽传》中未记年月，按《后主纪》，武平四年五月，以领军穆提婆为尚书左仆射，则珽之解仆射出为徐州，必在武平四年四五月间也。珽既出，韩凤等仍积憾于珽党，故是年十月有崔季舒等之祸。祖珽虽非端人，而颇有才学，故能汲引文士，励精图治。《观我生赋》云："用夷吾而治臻，昵狄牙而乱起。"自注："祖孝徵用事，则朝野翕然，政刑有纲纪矣。骆提婆等苦孝徵以法绳已，谮而出之，于是教令昏僻，至于灭亡。"（按骆提婆即穆提婆，本姓骆也。）虽有感知之意，固非尽阿好之言也。

十月，侍中崔季舒、张雕虎、散骑常侍刘逖、封孝琰、黄门侍郎裴泽、郭遵等六人以谏止后主赴晋阳被杀，之推几及于祸。

《北齐书·崔季舒传》："珽被出，韩长鸾（即韩凤，凤字长鸾）以为珽党，亦欲出之。属东驾将适晋阳，季舒与张雕（即张雕虎，唐人避讳删"虎"字）议，以为寿春被围，大军出拒，信使往还，须禀节度，兼道路小人，或相惊恐，云大驾向并，畏避南寇，若不启谏，必动人情，遂与从驾文官，连名进谏。时贵臣赵彦深、唐邕、段孝言等初亦同心，临时疑贰，季舒与争未决。长鸾遂奏云：'汉儿文官，连名总署，声云谏止向并，其实未必不反，宜加诛戮。'帝即召已署表官人集含章殿，以季舒、张雕、刘逖、封孝琰、裴泽、郭遵等为首，并斩之殿廷。”《北齐书·之推传》：“崔季舒等之将谏也，之推取急还宅，故不连署。及召集谏人，之推亦被唤入，勘无其名，方得免祸。”《观我生赋》自注：“故侍中崔季舒等六人以谏诛，之推迩日临祸。”按崔季舒等之得祸，由于鲜卑之嫉汉人，武人之嫉文士。自祖珽为相，立文林馆，招文士数十人待诏修书，以培养汉族士大夫之势力。封孝琰尝谓祖珽曰：“公是衣冠宰相，异于余人。”近习闻之，大以为恨。(《北齐书·封隆之传》)。可见当时汉族士大夫奉珽为魁首，与近习对抗。鲜卑贵族及武人皆不悦，故先谋出珽，而后借机害季舒等。被杀之六人中，崔季舒、张雕虎、刘逖、封孝琰，皆文林馆中人也。《北齐书·韩凤传》曰：“祖珽曾与凤于后主前论事，珽语凤云：‘强弓长矟，无容相谢；军谋国算，何由得争？’凤答曰：‘各出意见，岂在文武优劣？’”又曰：“凤于权要之中，尤嫉人士。（中略）每朝士谘事，莫敢仰视，动致呵叱，辄詈云：‘狗汉大不可耐，惟须杀却。’若见武职，虽厮养末品，亦容下之。”韩凤谮崔季舒等云：“汉儿文官连名署职。”皆可见当时权贵韩凤等之嫉视汉族士大夫。之推本南人，羁旅入齐，以文学显，为祖珽所重，则固韩凤等所深嫉者，得免于祸，亦云幸矣。

武平六年乙未（575），之推四十五岁

闰八月，以军国资用不足，税关市、舟车、山泽、盐铁、店肆，轻重各有差（《北齐书·后主纪》）。

《隋书·食货志》：“武平之后，权幸并进，赐与无限，加之旱蝗，国用转屈，乃料境内六等富人调令出钱，而给事黄门侍郎颜之推奏请立关市邸店之税，开府邓长颙赞成之，后主大悦。”据此则税关市邸店乃由于之推之建议。

隆化元年丙申（576），之推四十六岁

八月，后主赴晋阳。冬，周武帝伐齐，取晋州（山西临汾）。十一月，后主至晋州，围城。十二月，周武帝来救晋州，齐师大败，后主弃军还晋阳，忧惧不知所出。留安德王高延宗守晋阳，轻骑还邺。周师寻入晋阳，后主欲禅位太子（《北齐书·后主纪》）。

幼主承光元年丁酉即周武帝建德六年（577），之推四十七岁

正月，太子高恒即皇帝位，尊后主为太上皇。之推与薛道衡等劝太上皇往河外募兵，更为经略，若不济，南投陈国，从之。太上皇自邺先趋济州，周师渐逼，幼主又自邺东走。太上皇携幼主走青州，为入陈之计，留高阿那肱守济州。高阿那肱召周军，约生致齐主，于是屡使人告言，贼军在远，已令人烧断桥路。太上皇遂停缓。周军奄至青州，太上皇为周将尉迟纲所获，并太后、幼主俱送长安（《北齐书·后主纪》）。

《北齐书》本传：“及周兵陷晋阳，帝轻骑还邺，窘急，计无所从。之推因宦者侍中邓长颙进奔陈之策，仍劝募吴士千余人以为左右，取青、徐路，共投陈国。帝甚纳之，以告丞相高阿那肱等。阿那肱不愿入陈，乃云：‘吴士难信，不须募之。’劝帝送珍宝累重向青州，且守三齐之地。若不可保，徐浮海南渡。虽不从之推计策，然犹以为平原太守（北齐平原郡治聊城，今山东聊城），令守河津。齐亡，入周。”《观我生赋》自注：“除之推为平原郡，据河津，以为奔陈之

计。”又云：“约以邺下一战，不克，当与之推入陈。”又云：“丞相高阿那肱等不愿入南，又惧失齐主，则得罪于周朝，故疏间之推。所以齐主留之推守平原城而索船渡向青州。阿那肱求自镇济州，乃启报应齐主云：‘无贼，勿忽忽。’遂道周军追齐主而及之。”之推劝北齐后主奔陈，欲因以还江南，而终未能偿其所愿。《观我生赋》云：“予一生而三化，备荼苦而蓼辛。”自注：“在扬都值侯景杀简文而篡位，于江陵逢孝元覆灭，至此而三为亡国之人。”

周武帝平齐之后，之推与阳休之、袁聿修、李祖钦、元修伯、司马幼之、崔达拏、源文宗、李若、李文贞、卢思道、李德林、陆义、薛道衡、元行恭、辛德源、王劭、陆开明等共十八人同征，随驾赴长安（《北齐书·阳休之传》）。卢思道、阳休之道中作《鸣蝉篇》（《隋书·卢思道传》），之推亦同作（见《初学记》卷三十）。

《家训·勉学》篇：“邺平之后，见徙入关。思鲁常谓吾曰：‘朝无禄位，家无积财，当肆筋力，以申供养。每被课笃，勤劳经史，未知为子，可得安乎？’吾命之曰：‘子当以养为心，父当以教为事，使汝弃学徇财，丰吾衣食，食之安得甘，衣之安得暖？若务先王之道，绍家世之业，藜羹缊褐，吾自安之。’”

周武帝建德七年戊戌即宣帝宣政元年（578），之推四十八岁

六月，武帝卒，太子宇文赟立，是为宣帝（《周书·宣帝纪》）。

宣政二年己亥即静帝大象元年（579），之推四十九岁

二月，宣帝传位于太子宇文阐，自称天元皇帝。宇文阐立，

是为静帝（《周书·宣帝纪》）。

大象二年庚子（580），之推五十岁

之推为御史上士。

《北齐书》本传："大象末，为御史上士。"

隋文帝开皇元年辛丑（581），之推五十一岁

二月，杨坚废静帝而自立，是为隋文帝（《隋书·高祖纪》）。之推子思鲁生子籀，即颜师古也。

开皇二年壬寅（582），之推五十二岁

之推上言，请依梁国旧事，考订雅乐，文帝不从。

《隋书·音乐志》："开皇二年，齐黄门侍郎颜之推上言：'礼崩乐坏，其来自久，今太常雅乐，并用胡声，请冯梁国旧事，考寻古典。'高祖不从，曰：'梁乐亡国之音，奈何遣我用邪？'"

长安民掘得秦时铁秤权，之推被敕写读之。

《家训·书证》篇："《史记·始皇本纪》：'二十八年，丞相隗林、丞相王绾议于海上。'诸本皆作山林之'林'。开皇二年五月，长安民掘得秦时铁秤权，旁有铜涂镌铭二所。（中略）其书兼为古隶。余被敕写读之，与内史令李德林对，见此秤权，今在官库。其'丞相状'字乃是状貌之'状'，爿旁作犬，则知俗作'隗林'非也，当为'隗

状’耳。”

是年二月，文帝立子杨勇为太子（《隋书·高祖纪》）。杨勇召之推为学士，盖在是年之后。

《北齐书》本传：“隋开皇中，太子召为学士，甚见礼重。”只言“开皇中”，未言在何年，大约在本年之后。

之推等与陆法言论音韵，盖在本年前后。

陆法言《切韵序》：“昔开皇初，有仪同刘臻等八人同诣法言门宿，夜永酒阑，论及音韵。（中略）因论南北是非，古今通塞，欲更捃选精切，除削疏缓，萧、颜多所决定。魏著作谓法言曰：‘向来论难，疑处悉尽，何不随口记之。我辈数人，定则定矣。’法言即烛下握笔，略记纲纪。博问英辩，殆得精华。”所谓“刘臻等八人”，指刘臻、颜之推、魏渊、卢思道、李若、萧该、辛德源、薛道衡（《广韵》卷首）；所谓“萧、颜多所决定”，即指萧该与颜之推。之推等与陆法言论韵事，《切韵序》谓在开皇初，未言何年，姑系于此。陆法言乃陆爽之子，陆爽字开明，北魏东平王陆俟玄孙，陆氏是步六孤氏所改（姚薇元《北朝胡姓考》第二（2）陆氏），故陆爽是鲜卑人而汉化者。爽在北齐为通直散骑侍郎，与之推同在文林馆待诏修书，齐亡，与之推同徙关中（《隋书·陆爽传》）。故之推于法言为丈人行。法言韵学亦受之推沾溉，《切韵》中即有用颜氏说者，王国维《观堂集林》八《六朝人韵书分部说》中曾言之。

之推在开皇初曾奉敕与魏澹、辛德源更撰《魏书》，未详何年，亦系于此。

《史通》卷十二《古今正史》篇："齐天保二年，敕秘书监魏收博采旧闻，勒成一史。（中略）于是大征百家谱状，斟酌以成《魏书》，上自道武，下终孝靖，纪传与志，凡百三十卷。（中略）世薄其书，号为秽史。至隋开皇初，敕著作郎魏澹与颜之推、辛德源更撰《魏书》，矫正收失。澹以西魏为真，东魏为伪，故文、恭列纪，孝靖称传，合纪、传、论、例总九十二篇。"之推与魏澹等同撰之《魏书》已佚。

开皇三年癸卯（583），之推五十三岁

之推奉命接待陈使阮卓。

《陈书·文学·阮卓传》："至德元年（即隋开皇三年），入为德教殿学士，寻兼通直散骑常侍，副王话聘隋。隋主夙闻卓名，乃遣河东薛道衡、琅邪颜之推等与卓谈宴赋诗。"

开皇四年甲辰（584），之推五十四岁

二月，张宾奏上新历，文帝下诏颁行。其后争论历法，绵历十余年，之推亦曾参加讨论。

《家训·省事》篇："前在修文令曹，有山东学士与关中太史竞历，凡十余人，纷纭累岁。内史牒付议官平之。吾执论曰：'大抵诸儒所争，四分并减分两家耳。历家之要，可以晷景测之。今验其分至，薄蚀则四分疏而减分密。疏者则称：政令有宽猛，运行致盈缩，非算之失也。密者则云：日月有迟速，以术求之，预知其度，无灾祥也。用疏则藏奸而不信，周密则任数而违经。且议官所知，不能精于讼者，以浅裁深，安有肯服？既非格令所司，幸勿当也。’举曹贵贱，咸以为然。有一礼官，耻为此让，苦欲留连，强加考核，机杼既薄，无以测量，还复采访讼人，窥望长短，朝夕聚议，寒暑烦劳，背春涉冬，竟无予夺，怨诮滋生，赧然而退，终为内史所迫，此好名之辱也。”据《隋书·律历志》，张宾等依何承天法造新历，开皇四年二月奏上，文帝下诏颁行。刘孝孙与冀州秀才刘焯并称其失，言学无师法，刻食不中，所驳凡有六条。于时新历初颁，张宾有宠于文帝，刘晖附会之，升为太史令，二人叶议，共短刘孝孙，言其非毁天历，率意迂怪，刘焯又妄相扶证，惑乱时人，孝孙、焯等竟以他事斥罢。后张宾死，孝孙又上书争论，为刘晖所诘，事寝不行。仍留孝孙直太史，累年不调，寓宿观台，乃抱其书，弟子舆榇，来诣阙下，伏而恸哭，执法拘以奏之。文帝异焉，以问国子祭酒何妥。妥言其善，即日擢授大都督，遣与宾历比校短长。先是信都人张胄玄以算术直太史，久未知名，至是与孝孙共短宾历，异论锋起，久之不定。《家训》所谓“竞历”，殆指此事。“关中太史”谓刘晖，“山东学士”，指刘孝孙、刘焯、张胄玄等（刘孝孙，广平人；刘焯，信都昌亭人；张胄玄，勃海蓨人）。所谓“疏者”，指张宾历；所谓“密者”，指刘孝孙、张胄玄所主张之历法。张宾乃谄佞之道士，所制历法，实多缺点，惟张宾以符命之说得宠于隋文帝，故朝廷支持之；而刘孝孙、张胄玄之历法则更合科学。颜之推赞成刘孝孙、张胄玄，并谓“议官所知，不能精于讼者”，说明刘晖历学不及孝孙、胄玄，可见其判断之正确。(《家训》赵曦明注“修文令曹”句，引《北齐书·之推传》河清末待诏文林馆，以为之推在北齐时事，甚误。盖北齐一代，既无竞历之事，且内史乃隋代官名也。) 此次“竞历”之事，短期内并未能解决。至开皇十四年（594)，隋文帝问日食事，杨素等奏：太史推算日食二十五次，多不验；张胄玄所推算者，合如符契，孝孙所测，验亦过半。于是文帝引孝孙、胄玄等，亲自劳徕。孝孙因请先斩刘晖，乃可定历。文帝不悦，又罢之。俄而孝孙卒。杨素、牛弘伤惜之，又荐胄玄。文帝召见之，赏赐甚厚，令制新历。开皇十七年，胄玄历成，奏上之。上付杨素等校其短长。刘晖等虽仍执旧历迭相驳难，而群臣博议，咸以胄玄为密。于是文帝下诏褒扬张胄玄，颁行新历，罢免刘晖等，命胄玄为太史令(见《隋书·律历志》)。此次“竞历”之事，绵历十余年，之推所支持之“山东学士”等更合乎科学之新历卒取得胜利，此时之推盖已卒矣。

开皇九年己酉（589)，之推五十九岁

正月，灭陈（《隋书·高祖纪》)。

《家训·风操》篇：“近在议曹，共平章百官秩禄。有一显贵，当世名臣，意嫌所议过厚。齐朝有一两士族，文学之人，谓此贵曰：‘今日天下大同，须为百代典式，岂得尚作关中旧意，明公定是陶朱公大儿耳！’彼此欢笑，不以为嫌。”文中言“今日天下大同”，应是平陈以后事。

开皇十年庚戌（590)，之推六十岁

之推卒年无可考，大约在开皇十余年中，年六十余。

《北齐书》本传："隋开皇中，太子召为学士，甚见礼重，寻以疾终。"未言卒年。《家训·终制》篇："吾已六十余，故心坦然，不以残年为念。"则之推卒时六十余岁，约在开皇十余年中。

《家训·终制》篇乃之推晚年之遗嘱，回顾一生，极多感慨。开始即曰："死者，人之常分，不可免也。吾年十九，值梁家丧乱，其间与白刃为伍者亦常数辈，幸承余福，得至于今。"之推一生，遭逢乱离，备历屯蹇，几乎被杀者数次。而出处之际，尤多悔痛，故曰："计吾兄弟，不当仕进；但以门衰，骨肉单弱，五服之内，傍无一人，播越他乡，无复资荫；使汝等沈沦厮役，以为先世之耻；故靦冒人间，不敢坠失。兼以北方政教严切，全无隐退者故也。"因此，之推自思，如为一贫苦之农民，躬耕畎亩，不读书策，无有声名，将不至于遭受如此多之忧患灾难。《观我生赋》曰："向使潜于草茅之下，甘为畎亩之人，无读书而学剑，莫抵掌而膏身，委明珠而乐贱，辞白璧以安贫，尧、舜不能荣其素朴，桀、纣无以污其清尘，此穷何由而至？兹辱安所自臻？而今而后，不敢怨天而泣麟也。"之推淹贯经史，博学多能，尤精于文字、声韵、训诂、校勘之学，评论事理，亦具通识。范文澜先生论颜之推曰："他是当时南北两朝最通博最有思想的学者，经历南北两朝，深知南北政治、俗尚的弊病，洞悉南学北学的短长，当时所有大小知识，他几乎都钻研过，并且提出自己的见解。《颜氏家训》二十篇就是这些见解的记录。《颜氏家训》的佳处在于立论平实。平而不流于凡庸，实而多异于世俗，在南方浮华北方粗野的气氛中，《颜氏家训》保持平实的作风，自成一家言。"(《中国通史简编》修订本第二编528页）评价甚为精当。

之推生平著述，有《文集》三十卷、《家训》二十篇（《北齐书》本传）、《训俗文字略》一卷、《集灵记》二十卷（《隋书·经籍志》）、《急就章注》二卷（《旧唐书·经籍志》）、《笔墨法》一卷（《新唐书·艺文志》）、《稽圣赋》三卷（《直斋书录解题》）、《证俗音字》五卷（《颜氏家庙碑》）、《还冤志》三卷（《崇文总目》《直斋书录解题》《文献通考》均作《还冤志》，《新唐书·艺文志》作《冤魂志》，《四库提要》谓其为传写之误）。

今惟《家训》及《还冤志》存，其余诸书均佚。

之推兄之仪自江陵入周后，历仕麟趾学士、司书上士、小宫尹，封平阳县男，迁上仪同、大将军、御正中大夫，进爵为公，出为西疆郡守。隋文帝即位，征还京师，进爵新野郡公。开皇五年，拜集州刺史。明年，受代，还京都，优游不仕。开皇十一年冬卒，年六十九。

之推妻殷姓（《家训·后娶》篇“思鲁等从舅殷外臣”），有三子：长子思鲁、次子愍楚（《北齐书》本传及《隋书·张胄玄传》均作“敏楚”，《隋书·律历志》作“慜楚”，《家训·勉学》篇及《颜氏家庙碑》均作“愍楚”。《家训》与《家庙碑》当最可据，今从之）、三子游秦。思鲁与愍楚皆之推在北齐时所生，二子之命名，有不忘本之意（《北齐书》本传）。“思鲁”表示怀思故乡（颜氏之先，本乎邹鲁）；“愍楚”表示哀念故国（梁元帝都江陵，故曰楚）；游秦大概是之推迁入关中以后所生，故曰“游秦”。思鲁仕隋为东宫学士，唐初为秦王府记室参军，曾编订其父文集，并作序录（《旧唐书·温大雅传》《旧唐书·颜师古传》）。愍楚仕隋为通事舍人，大业中，因事被贬，居南阳。朱粲攻占邓州，遭饥馑，愍楚合家为朱粲兵所啖食（《旧唐书·朱粲传》）。愍楚著《证俗音略》二卷（《旧唐书·经籍志》）。游秦，隋时典校秘阁，唐高祖武德中，为廉州刺史，迁鄂州刺史，卒于任所，撰《汉书决疑》十二卷（《旧唐书·经籍志》谓："《汉书决疑》十二卷，颜延年撰。"误），为学者所称（《旧唐书·温大雅传》《旧唐书·颜师古传》）。思鲁长子籀，字师古，博览群书，尤精训诂，仕至秘书监，有《文集》六十卷，注《汉书》与《急就章》，撰《匡谬正俗》八卷（《旧唐书·颜师古传》）。颜杲卿、真卿皆师古之弟勤礼之曾孙，亦即思鲁之玄孙，之推之五世孙（颜杲卿、真卿皆之推五世孙，《颜氏家庙碑》叙述甚明，《旧唐书·颜真卿传》亦谓真卿"五代祖之推"，而《新唐书·真卿传》谓真卿为师古之五世从孙，误也。刘因《静修文集》卷三《跋鲁公祭季明侄文真迹后》曾加以辨析）。杲卿、真卿均以行义学术称于当时，而真卿书法尤为卓绝。此均可见颜氏家学之美，绵延不绝也。

（本文原载《读史存稿》，三联书店 1963 年 3 月第 1 版）

《颜氏家训》主要版本及研究著作

《颜氏家训》

南宋绍熙年间赵善惠监刻本。

明嘉靖年间傅太平刻本。

明万历年间颜嗣慎刻本。

明万历年间程荣《汉魏丛书》本。

清乾隆年间卢文弨刻《抱经堂丛书》本。

清《知不足斋丛书》本。

清《四库全书》本。

《颜氏家训》(《诸子集成》本)

1930年世界书局出版。

《颜氏家训集解》

王利器撰，上海古籍出版社1980年版。

《颜氏家训汇注》

周法高撰辑，中国台湾国风出版社1982年版。

《颜氏家训选译》

黄永年译注，巴蜀书社1991年版。

《颜氏家训全译》

程小铭译注，贵州人民出版社1993年版。

《颜氏家训》(全文注释本)

余金华注释，华夏出版社2002年版。

朱子家训

朱柏庐 著

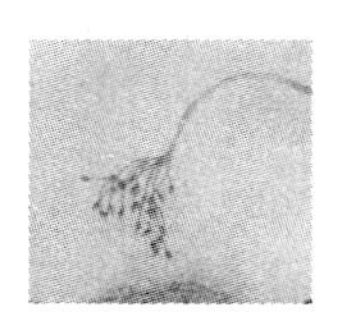

朱子家训

【题解】 《朱子家训》又称《朱柏庐治家格言》，简称《治家格言》。作者朱柏庐（1617—1688），名用纯，字致一，自号柏庐，清初江南昆山（今江苏）人。

朱柏庐生活于明末清初，康熙年间有人推荐他参加朝廷的博学鸿词科考试，固辞不去。一生钻研程朱理学，著有《大学中庸讲义》《耻躬堂诗文集》《愧讷集》等。

五百余字的《朱子家训》，以"修身""齐家"为宗旨，是儒家为人处世方法的概括，三百年来，传诵不绝。

黎明即起，洒扫庭除①，要内外整洁；即昏便息，关锁门户，必亲自检点。

一粥一饭，当思来之不易；半丝半缕，恒念物力维艰②。

宜未雨而绸缪，毋临渴而掘井。

自奉必须俭约③，宴客切勿留连。

器具质而洁，瓦缶胜金玉④；饮食约而精，园蔬愈珍馐⑤。

勿营华屋，勿谋良田。

三姑六婆，实淫盗之媒；婢美妾娇，非闺房之福。

童仆勿用俊美，妻妾切勿艳妆。

宗祖虽远，祭祀不可不诚；子孙虽愚，经书不可不读⑥。

居身务期质朴，教子要有义方⑦。

勿贪意外之财，勿饮过量之酒。

与肩挑贸易，勿占便宜；见穷苦亲邻，须加温恤[8]。

刻薄成家，理无久享；伦常乖舛[9]，立见消亡。

兄弟叔侄，须分多润寡；长幼内外，宜法肃辞严。

听妇言，乖骨肉[10]，岂是丈夫？重资财，薄父母，不成人子。

嫁女择佳婿，勿索重聘；娶媳求淑女，勿计厚奁。

见富贵而生谄容者，最可耻；遇贫穷而作骄态者，贱莫甚。

居家戒争讼，讼而终凶；处世戒多言，言多必失。

勿恃势力，而凌逼孤寡；毋贪口腹，而恣杀牲禽。

乖僻自是[11]，悔误必多；颓惰自甘[12]，家道难成。

狎昵恶少[13]，久必受其累；屈志老成，急则可相依。

轻听发言，安知非人之谮诉[14]，当忍耐三思；因事相争，焉知非我之不是，须平心暗想。

施惠无念，受恩莫忘。

凡事当留余地，得意不宜再往。

人有喜庆，不可生妒嫉心；人有祸患，不可生喜幸心。

善欲人见，不是真善；恶恐人知，便是大恶。

见色而起淫心，报在妻女；匿怨而用暗箭，祸延子孙。

家门和顺，虽饔飧不济[15]，亦有余欢；国课早完[16]，即囊橐无余[17]，自得至乐。

读书志在圣贤，非徒科第；为官心存君国，岂计身家。

守分安命，顺时听天；为人若此，庶乎近焉[18]。

【注释】 ① 庭除：门前的台阶。

② 恒念：常念。

③ 自奉：自己的生活费用。

④ 缶（fǒu）：瓦罐。

⑤ 愈：同“逾”，超过。

⑥ 经书：指五经（《诗经》《书经》《易经》《礼记》《春秋》）和四书（《论语》《大学》《中庸》《孟子》）。

⑦ 义方：这里是指教育子弟的正确方法和途径。

⑧ 温恤：温存、抚恤。

⑨ 伦常：指人伦（君臣、父子、夫妇、兄弟、朋友）和五常（仁、义、礼、智、信）。 乖舛：乖戾错乱。

⑩ 乖骨肉：背离骨肉之情。

⑪ 乖僻自是：性情偏激古怪的人，常常自以为是。

⑫ 颓惰自甘：精神萎靡颓废，心甘情愿。

⑬ 狎昵：不合礼节地亲近。

⑭ 谮诉：用虚假的事实诬陷他人。

⑮ 饔飧（yōng sūn）：一日三餐。早餐为饔，晚餐为飧。

⑯ 国课：国家规定缴纳的租税。

⑰ 囊橐：口袋。大袋为囊，小袋为橐。

⑱ 庶乎：差不多。

【译文】 黎明就起床，洒扫庭前的台阶，务必做到内外整洁；一到晚上便休息，锁门关窗，一定亲自去检点。

一碗粥，一顿饭，应当考虑到来之不易；半根丝半根线，经常想想东西得到的艰难。

应当在未下雨时即有所准备，不要等到口渴了才去挖井。

自己的生活费用必须俭约，招待客人切不可留连不断。

器具朴实又洁净，瓦罐胜过金玉；饮食安排合理又精致，园中蔬菜强如珍馐美味。

不要营造华美的屋宇，不要谋求肥沃的良田。

三姑六婆，其实乃淫和盗的媒介；婢美妾娇，并非是闺房中的福祉。

童仆之人不要用长相俊美的，妻子与小妾切不可浓妆艳抹。

祖宗虽已离我们远去，可祭祀他们之时不可不诚心；子孙虽然愚笨，四书五经这些书不可不读。

立身处事一定要质朴，教育子女要有正确的方法。

不要贪婪意外之财，不要去喝超过自己酒量的酒。

与肩挑的小贩贸易，不要占人家的便宜；见到亲戚邻居贫困，应加以周济。

靠刻薄起家的，天理也不让长久享用；人伦和五常错乱的，立刻即见消灭。

兄弟之间，叔侄之间，应将多余财物分给没有的；无论是长辈晚辈，还是家内家外，都应礼法庄重、语言严肃。

听信妻子的话，不讲骨肉之情，哪里算是丈夫？吝惜钱财，很少供养父母，简直不成儿子。

嫁女儿选择优秀的女婿，不要索取很重的彩礼；娶媳妇访求贤惠的女子，不要计较多用钱财。

看见富贵的人就露出谄媚的脸色，这种人最可耻；遇到贫穷的人就作出骄傲的姿态，这种人最卑贱。

在家里避免与人争斗诉讼，诉讼没有好结果；在社会上避免多言多语，说的话多必然有差错。

不要依仗势力，欺凌孤儿寡妇；不要贪吃贪喝，滥杀牲畜禽兽。

性情古怪，不合情理，常常自以为是，悔恨必定多；萎靡不振，消沉颓废，竟然自甘堕落，家道难以兴盛。

跟街头恶少亲昵戏耍，日久必定受到连累；对老成人能用心交往，遇到危急就可以依靠。

轻易听信别人说话，怎么知道不是恶意诋毁搬弄是非，应当克制自己再三思忖；因为处理事情互相争执，怎么断定不是自己一方错了，必须平心静气默默地想。

给予他人的恩惠，不要放在心上；接受了别人的恩泽，千万别忘。

凡事应当留有余地，得意之时不该得寸进尺。

别人有喜庆之事，不可以产生妒嫉之心；别人有祸患，不可以幸灾乐祸。

做善事而想让人看见，便不是真正的善良；做恶事唯恐他人知道，便是大恶。

看见美色而产生淫邪之心，报应在自己的妻子和女儿身上；隐藏起怨恨而用暗箭报复，灾祸将延续到子孙后代。

家庭中和美欢畅，即使一日三餐不齐备，也有享不完的快乐；国家规定缴纳的租税早早完成，即便家中再无余财，也是非常高兴的事。

读书的目的，志在向圣人贤人看齐，并不是只科举及第即可以了；做官的目的，是心中想着君主和国家，哪能只计较养家糊口。

固守本分和命运，听从上天的安排；做人能如此，也就差不多了。

丛书简介

《国学经典丛书第二辑》推出了二十几个品种，包含经、史、子、集等各个门类，囊括了中国优秀传统文化的精粹。该丛书以尊重原典、呈现原典为准则，对经典作了精辟而又通俗的疏通、注译和评析，为现代读者尤其是青少年阅读国学经典扫除了障碍。所推出的品种，均选取了当前国内已经出版过的优秀版本，由国内权威专家郁贤皓、王兆鹏、朱良志、杨义等倾力编注，集经典性与普及性、权威性与通俗性于一体，是了解中华传统文化的一套优秀读本。

丛书主要撰写者

《李杜诗选》 郁贤皓（南京师范大学文学院教授 唐代文学学会副会长）

《李煜词全集》 王兆鹏（武汉大学文学院教授 词学大家唐圭璋弟子）

《子不语》 王英志（苏州大学教授 《袁枚全集》获第八届中国图书奖）

《陶渊明诗文选集》 杨义（中国社会科学院学部委员 中国社会科学院文学研究所博导）

《小窗幽记》 朱良志（北京大学哲学系教授 博导）

《苏东坡诗词文精选集》 李之亮（宋史研究专家教授 《宋代郡守通考》获第十三届中国图书奖）

《西湖梦寻》 李小龙（北京师范大学教授 《中国诗词大会》题库专家）

《阅微草堂笔记》 韩希明（南京审计学院教授 全国大学语文研究会会员）

《黄帝内经》 姚春鹏（曲阜师范大学哲学系教授 中国哲学史学会中医哲学专业委员会理事）

国学经典第二辑书目

《小窗幽记》 朱良志 点评
《格言联璧》 张齐明 注评
《阅微草堂笔记》 韩希明 注译
《战国策》 王华宝 注译
《西湖梦寻》 李小龙 注评
《说文解字选读》 汤可敬 注译
《子不语》 王英志 注评
《围炉夜话》 陈小林 注评
《鬼谷子·三十六计》 方弘毅 等注译
《了凡四训》 方弘毅 注译
《颜氏家训·朱子家训》 程燕青 注译
《黄帝内经》 姚丹 姚春鹏 注译
《本草纲目》 战佳阳 等注译
《西厢记》 (元)王实甫 著
《牡丹亭》 (明)汤显祖 著
《陶渊明诗文选集》 杨义 邵宁宁 注评
《李杜诗选》 郁贤皓 封野 注评
《苏东坡诗词文精选集》 李之亮 注评
《李煜词全集》 王兆鹏 注评
《历代诗词精华集》 叶嘉莹 等注评
《苏轼辛弃疾词选》 王兆鹏 李之亮 注评
《李煜李清照词集》 平阳 俊雅 注评
《李清照集》 苏缨 注评
《随园诗话》 唐婷 注译